# 诸问题

——建筑学之循证研究

王一平 著

武汉大学出版社
WUHAN UNIVERSITY PRESS

图书在版编目(CIP)数据

诸问题:建筑学之循证研究/王一平著．—武汉：武汉大学出版社，2019.4

ISBN 978-7-307-20845-2

Ⅰ.诸…　Ⅱ.王…　Ⅲ.建筑学—研究　Ⅳ.TU-0

中国版本图书馆 CIP 数据核字(2019)第 065215 号

责任编辑:梁　茜　　责任校对:汪欣怡　　整体设计:马　佳

出版发行：**武汉大学出版社**　(430072　武昌　珞珈山)

(电子邮箱：cbs22@whu.edu.cn　网址：www.wdp.whu.edu.cn)

印刷：北京虎彩文化传播有限公司

开本:720×1000　1/16　印张:15.75　字数:256 千字　插页:1

版次:2019 年 4 月第 1 版　2019 年 4 月第 1 次印刷

ISBN 978-7-307-20845-2　定价:59.00 元

版权所有，不得翻印；凡购我社的图书，如有质量问题，请与当地图书销售部门联系调换。

# 目　录

# 绪　论

本书为绿色建筑而研究“设计的循证”问题，并通过从“循证医学”到“循证设计”的移植，启发对建筑学、建筑物以及建筑设计及其工具的更多理解。

建筑的“循证设计”，基于证据的设计，一般表述为：

慎重、准确和明智地应用当前所能获得的最好的研究依据，同时结合建筑师个人的专业技能和工程设计经验，考虑到业主的价值和愿望，将三者完美地结合，以制定出建筑系统的设计方案。

基于证据却是一个宽泛而复杂的命题，证据本身已经是多元的。本书将对“循证设计”的研究，转化为对现代建筑设计之“工具、目标与行为”诸问题的探讨，并拓展出一系列派生研究。

循证设计是一种理性的方法，数字建筑使循证设计是可能的。

“数字建筑”通过循证的行为等，对建筑学彻底引入理性的方法。第一章“数字建筑诸问题”对建筑数字化问题进行深度观察，并讨论了“数字工具”“传统设计”“整合方法”和“信息现象”等问题。重视“建筑物全生命周期”的概念，其中有信息流变的发生。这是动态的或全景的信息时代建筑学之“设计-建造”全过程研究的观察方法之一。

循证设计有面向现实的目的，绿色建筑使循证设计是需要的。

“绿色建筑”不是单纯建筑学的问题，而具有某种社会性的意义。第二章“绿色建筑诸问题”对建筑学科传统进行“非传统”辨识，其中包括对“建筑学”“建筑物”“建筑学理论”和“建筑史”的为绿色建筑的要求。理解“建筑逻辑”的宏大概念和建筑学系统的复杂性；绿色建筑的未来发展将带来建造逻辑的跃升，首先需要正本清源的工作。

循证设计有一般道德的价值，循证设计由循证医学而派生。

循证设计通过对证据的理性要求，将影响到设计发生时的行为。第三章“循证设计诸问题”实则为对“建筑师”的研究，并在对医学的学习中，为绿色建筑的发展引入了“预后”“机能”“最佳证据”等概念，探讨了“统计学”“数据挖掘”和“反求工程”的建筑学应用价值，既是对证据意义的进一步解释，也是对循证设计本身发展的预见。

循证设计具多重拓展的可能，循证设计已超出绿色建筑的局限。

当代的建筑学已建立起“环境控制学和环境行为学”的研究方向，第四章“派生研究诸问题”正是在循证的一般思维机制作用下，对“建筑物”和“建筑空间”的具体研究，分别提出“集成构造”和“识别无障碍”的命题。基于医生、建筑师和教师的职业相似性，第五章“循证教育诸问题”研究了“循证教育”的概念，由此使我们注意到教育科学的存在，并将它作为建筑教育的依据。

## 0.1 建筑循证设计

建筑的“循证设计”，“基于证据的设计”（EBD，Evidence-based Design），一般可以表述为，“慎重、准确和明智地应用当前所能获得的最好的研究依据，同时结合建筑师的个人专业技能和多年的工程设计经验，考虑到业主的价值和愿望，将三者完美地结合，制定出建筑的设计方案”。

尽管不能单凭这样一个“定义”就显示出建筑设计的全部发生过程，但至少已经不是以建筑师为中心讨论建筑设计的问题，并且该定义应当与建筑学的立场有关。这个立场是“信息时代的建筑学的价值观”。

“循证设计”的用语受到“循证医学”（EBM，Evidence-based Medicine）的启发，如上的“三要素定义”，直接脱胎于循证医学定义的最新标准文本，并由此可派生出一系列建筑学的相关研究。

他山之石，可以攻玉。新的观察方法，正如一个放大镜，用以检视现存的世界的盲区，并自省于一向见习见惯的思维和行为方式，领悟到世界的变化所带来的“合理压迫”，从而产生出新的工作方法，也当是一种积极的涅槃。

本书借鉴“循证医学”的人文成就，初步探讨了“建筑循证设计”的概念，而当“建筑的循证设计”尚没有成为建筑设计的一般可操作性的行为时，“循证”的理念、遵循理性的原则、“基于证据”的道德首先表现为对职业价值观的拷问。

## 0.2 循证医学

循证医学进入医疗实践是20世纪90年代的事，经过20余年的理论与应用的积累，循证医学的一般伦理意义也逐渐被人认识，医学界有人称其为“伟大的”人文思想。[14]

循证医学的思想与方法，在互联网时代的背景中迅速发展，于1996年被介绍到中国，现在已经成为医学教育中的高级科目以及医生继续教育的课程之一；医疗实践中，判断一种诊断或疗法“是否有循证医学的依据”，已是有良好教育的当代医生的一种习惯性思维。

循证医学的思想核心是对“最佳证据”的要求、获得、使用和研究。笔者要说，这也应当是建造行业之建筑设计的基本职业道德之一。

从“循证医学”到“循证设计”，这是在信息社会中建筑学向医学的学习。

不同行业之间的沟通，一般的前提是在技术哲学水平上的认同和行业行为上的同构，“循证”的理念转化为“对证据的要求”，现在首先从“价值观”的层面，提示建筑学的研究者注意建筑学和医学甚至教育学的诸多相似之处。

实际上，“循证医学”是现代临床医学在信息时代背景下主动的调整和应变。而深入观察将会发现，建造业之“设计-建造”职业与现代医学处于极其相似的“信息和社会”的大背景之中，而对建筑学作出“现象观察”的方法之一是循证的价值观。

## 0.3 数字工具

“数字建筑”是当代建筑设计中鲜明的特点之一，而建筑数字化亦自有其发展的沿革。

传统的建筑CAAD（Computer-aided Architectural Design）完成了设计的“人力节约”，并开始走向终结。“建筑信息模型”方法的商业化软件实现，使CAAD向数字建筑转变并进一步促进建造的“物力节约”。这是一个迅猛而无形的过程。其影响可能大于传统 CAAD 对传统手工设计方法的替代。从被动地接受新工具，为新工具的效能所迷惑，到主动地驾驭工具并发挥新工具的系统潜能，需要对“工具的伦理”有足够认识，其中包括工具、使用者以及工作目标三者之间的循环关系。

实际上，数字化是对信息的研究。信息的传播改变着各种传统行业的职业内涵，对信息的数字化操作，刺激对传统工作之形式和内涵的理解，设计是对建筑的虚拟建造，“虚拟”是建筑设计之“方便的”工作方式，虚拟也原本隐含于“设计”之中。虚拟并使“信息”成为价值，设计是对建造信息的处理，从而必须使建筑的数字化超越狭义的工具层面，使“设计”表现为一种对全周期的建造信息“管理”的行为。

数字化技术及其已形成的文化观念，对于建筑学更提示“理性”的作用；循证正是对理性的体现。循证之“证据”是基于信息的广泛存在而言，而“信息的存在”也是理性工作的前提。数字建筑超越传统 CAAD 的工具性，更将带来行业体系和专业观念的全面的现代化跃升，而对“建筑全生命周期”中动态的信息流变的研究，将使建筑设计本身具有循证设计的意义，数字工具的发展也将体现出循证的工作方法。

## 0.4 绿色目标

方法总是与目标相联系，设计通过对工具的使用从而对建造进行研究。

绿色建筑的建造目标使数字时代的建筑设计行业面临新问题的研究。在中国，尽管基本建设在快速而大规模地推进，但绿色建筑的发展仍极其缓慢，建设的主流依然在落后的水平上重复。在某种程度上，这正是“建设性的破坏”。而绿色建筑的成功越晚，于可持续战略目标的实现越不利。绿色建筑发展的现实，折射出传统建筑学在理论、意识和方法上多方面的困顿，减缓了绿色建筑发展的速度。

绿色建筑的有关概念进入中国有 30 年之久。当年理论没有准备好，现在理论仍落后。但是，实践中，“可持续、生态和绿色”的建造要求是不可逆转的。职业的建筑师接受绿色建筑的挑战，现实中却举步维艰或不知所措，尤其缺乏可靠的依据和系统的方法，甚至对命题本身的理解仍有迷惑。这在一定程度上表明，现代建筑的传统方法，不支持建造的“新目标”的达成，是问题的根本症结所在。

“可持续、生态和绿色”的概念有着内在的关联。建造的“新目标”概念的实践，也不只是技术逻辑的实现，而更具有现实的批判性——“可持续建筑”在全时空视野拓展了生命价值观。“生态建筑”考验了人们的科学观念，“绿色建筑”隐含着经济伦理。绿色建筑的设计方法，不只是工程与技术系统的问题，而且是对由“设计的方法”“设计的对象”以及“设计工作的服务对象”所共同组成的复杂系统的研究。

## 0.5 建筑全生命周期

有一个对系统的观察方法，即“建筑全生命周期管理”。这种观察是动态的和有着时间进程的。

建筑全生命周期的概念是建筑学和对建筑环境的研究中，真正具有“生态学”本源意义的用语，意味着在建造的发生过程中和建筑物存在的时间里，有物质与能量的输入和输出，这是一个对建筑现象的类似于生命体的生灭周期的理解方式。延伸一点，建筑物的全生命周期之“生命意义”，是与人的主动的和被动的活动（人生和人体的全生命周期）形成相关作用的共同系统，即人与建筑是互相需要的。而其中可观察和可控制的方面，表现为周期中“信息”的流变过程。

以“数字化工具”为设计的手段，以“建筑绿色性”为建造的目标，在建筑的“全生命周期”过程中，有许多学术空白与技术空白需要填补。

一方面，将绿色建筑作为一种系统的概念来理解，在全生命周期中考察，并简化为设计——建造——运行——回收几个主要阶段，则建筑物以绿色的性能运行于建成后的时段，其中的性能指标也是设计的目标；在建筑物系统形成之前，“设计-建造”作为其“外部过程”，已经发生了对如“四节一环保”的要求；这样的观察并深入地拆解或许有助于对“生态建筑”和“绿色建筑”概念细微差别的辨识。

另一方面，数字工具的发展将完成与建筑全生命周期各个阶段的对应，即数字建筑的意义也不停留于工具数字化，建筑数字化更不只意味着造型参数化。使用了数字化工具却仍然热衷于建筑造型的研究和预见，是对建筑数字化现象的庸俗理解。

数字化其本质，是对信息的观察及其思想方法，而信息的作用是管理的。建筑学中的数字化将是设计之于建造的回归，数字化技术也必将改变建筑全生命周期的传统结构。

不孤立地看待“循证设计”的命题时，能够注意到，最近30年以来，已经有许多新概念被陆续地（多数从其他国家）引入建筑学领域。可以信手开列出一大串儿名目，如计算机辅助建筑设计、环境心理学、环境控制学、可持续建筑、生态建筑、绿色建筑、绿色建筑评价体系、城市设计、建筑策划、建成环境使用后评价、建筑物运行管理、建造管理、建筑师职能、智能建筑、设施管理、数字建筑、虚拟建筑、智能建筑、建筑全面性能设计、建筑信息模型、建筑全生命周期管理、整合设计、节能减排、低碳建筑等，凡此概念皆有其积极意义，却一方面缺乏统一的逻辑线索的表述，另一方面，有些问题（在中国）仍处于实际上被束之高阁的境遇。

如果在时间上动态地观察建造的“发生过程”，而不是静态地描述其“存在现象”，则首先需要重视的仍是“建筑物全生命周期管理”的概念。这是建造过程中“广义的生态概念”，并可以理解为一个往复递归的网络形态——策划、设计、建造、评价、运行和回收。

循证设计主要发生于设计阶段，同时亦可延伸到策划和评价之中。

## 0.6 建造逻辑

工具的新发展和目标的新要求是包括“循证设计”等新概念提出的基础背景。

在某种程度上，建筑学学术的“新问题”存在于“建筑全生命周期”的线索之中。“循证设计”在建筑全生命周期中有其自身的“作用区间”，而建筑学诸问题的综合实践，亦表现为对“建造逻辑”的认知，尽管这种认知经常是离散的和非系统的。

在历史上，每逢建筑现象大的变革，本质上正是“建造逻辑”的跃迁。实际上，现代建筑其生产方式的产生当是一种“资本”现象。当下的大规模建造并不意味着建筑学的进步，倒是绿色建筑将带来并需要“新的建造逻辑”，而建造正是对宜居的研究，这是当代建筑学的研究方向之一。

我们愿意相信，新的建造体系及其生产力的形成，应当在最广泛的建造实践的要求下产生，而不是在发展相对停滞的如欧美日的建成环境中出现。

当建造的新目标被确定和设计的新工具被采用后，设计与建造的发生过程也将表现为新的形态。而建造目标的要求、建设规模的广度、技术研究的精度、发生过程的和谐，如此诸般社会的、经济的和技术的因素，蕴含着新的建造逻辑的机遇。完善和发展中国现代建造体系，建立与现代机械电子工业对等的建造工业体系是关乎中国建造业的现代化的大问题。而循证的建筑学理念的研究正是在民族情感和专业尊严驱动下，建筑的职业设计者和建筑学的自发研究者的相关思考。

## 0.7 建筑学的存在状态

毋庸讳言，以建筑学知识的自由存在的传统状态，当概念表现为一些名词时，因为读写之间没有生僻的汉字，对概念的理解有时是望文生义的，概念之间的层级线索也有些缺乏逻辑次第，具有理性价值的理念与初级的建造水平似乎更无可关联。其中“数字工具”（Digital Tools）和“绿色目标”（Vegetal Goals），看似特例，却也都是现代建筑学被迫接受的改变，数字工具不需要“思考”便可以拿来使用，并且立竿见影；绿色建筑目标拥有道德优势，接受起来理所当然，实践中尽管捉襟见肘或者虚张声势，却既不耽误赚钱，也无伤名节。而当表面的自足性不能再掩盖潜在的恐慌的时候，理性，是我们迫切需要的。

建筑学自形成学术以后，在不同的历史时期，表现出不同的主流形态。在当下，在宜居的总体目标之下，以“广义的”人居问题研究作为基本形态，包括“环境控制学”和“环境行为学”两大分支；微观的，包括对建筑物空间的“功能”和“机能”的研究。“功能和机能”作为建筑物性能的基本组分，超越建筑设计之“形式操作”的传统，是对设计的品质要求的扩大。这是本书研究的一个基本预设前提。

建筑学的研究不停止于对建造行为和建筑现象的理解，提供方法并指导建造才是学科的实践意义。具体的，对建筑物性能的保障，从设计的立场，需要最佳的设计证据，并且证据需要符合建造逻辑的要求以及物质与人文的理性要求。

## 0.8 为绿色建筑的循证设计

从循证医学到循证设计，不是简单机械的方法模拟或者概念移植，建筑学自有其独特的“存在现象”和“发生过程”。对建筑学的“诸问题”研究，应包括“工具、目标和行为”等基本内容。建筑学的“循证设计”的研究，正基于“数字工具”的发展和“绿色目标”的要求，在信息时代的大背景中讨论“设计行为”的问题。

本书探讨现代建筑设计之“工具、目标与行为”诸问题，却不是对数字建筑（工具）的发展综述，不是对绿色建筑（目标）技术的具体研发，亦不是关于设计方法论（行为）的研究。

“为绿色建筑的循证设计研究”，某种程度上，是研究者本人对建筑学的“综合理解”，从而为绿色建筑的研究与实践引入新方法，提出新概念；而循证设计本身的研究，最终将超出为绿色建筑的意义。

在意愿与现实之间，工具的发明集中地表现出理性的中介价值；工具的局限，反映为目标的历史性稳定；工具的发展，既是理性的进步，也使工具系统作为一种技术资源参与到对新目标的挑战；对工具的使用和对目标的研究，已是设计的行为。当设计独立于建造之后，建造的诸要素也已发展成为既多元相关又平行共时的复杂状态。在意愿、工具、行为、目标、现实之间，已经不再是简单的历时性因果次第，设计是社会性的而不只是依赖个体的天才。而当意愿表现为理性的目标时，现代的工程设计发生于工具和目标之间，为目标的工具使用包含对证据的要求和对价值的判断。

循证设计的研究与绿色建筑相关联，不只因为绿色建筑是当下的热点问题，甚至包括对概念定义的不同理解，更加重要的，是缺乏对建筑绿色性设计的系统方法和设计依据。

建筑循证设计的三个方面，研究设计的发生过程，重视设计证据的广泛存在，不同于基于个体的设计方法论研究。循证设计的方法，作为对设计复杂现象的一条观察线索，或者一种结构化系统方法，在工具和目标之间，既分离问题，也整合要素。

在信息时代的背景中，尽管不是信息的原因，人类聚居环境建造的手段和目标发生了变化，而设计者的职业价值观如何应对社会发展的要求？什么是设计？如何设计？设计什么？设计出什么？对这样一些根本问题的回答将成为设计行业未来发展的价值原点。由对数字建筑的研究知道，“设计是对建筑的虚拟性建造”。设计有研究性，建筑有客观性，建造需要精致性。如此次第的并且相递归的观念，可以构成建筑设计之价值观的基础。

此外，由对绿色建筑的研究知道，建筑的绿色性隐含于客观性要求之中，而设计对客观性的研究，正是为精致性的建造提供理性的依据。建筑数字化设计工具，作为对建造研究的重要手段之一，可以扩大对建筑设计本身的认识；而建筑绿色性建造目标，作为实现可持续性战略的途径之一，需要加强对建筑物性能的理解。新的认识和理解也带来对专业行为和价值观的深入理解。

## 0.9 概念缘起

循证的初步概念，源于普通职业工作之中的“感觉”，其中包括对建筑学知识的存在状况的困惑和思虑、对建筑师的自足性心态的不满和警惕、对学科的教育传播以及工程设计实践行为中的庸俗化积习的日常受识等。当经验大于理性，扯淡的文本混淆了实践的真实的时候，必须对建筑学的基本价值观有所反省和破立。

循证概念的核心，即在建筑学科的行为中重视“理性”和“依据”。实际上，笔者一直在等待并寻找一种恰当的表达法。2006 年元月，无意地在一篇中医学论文中看到“循证医学”字样时，立刻意识到，应当正是“循证”这两个字，便感叹所谓“发现”，当真存在于“有心无意”之间。笔者对医学观念的“借鉴”，原本只是在伦理的“名词”水平上，如在专业教育中给予受教育者以“知情权”等，在对循证医学的理论、实践和发展渊源有一些了解之后，知道“循证”不只是一种医学的职业道德观，而是已经形成了一系列学术研究与医疗实践的方法，这些方法以及“循证的价值观”并具有一般的人文和技术意义，实在是可资建筑学学习。

由对问题初步意识的不断积累而转化为具有清晰文本形态的学术性命题，需要一个发酵酝酿的过程。在这个过程中，该命题的概念及其作为方法的价值以及其所面向的研究对象也逐渐被更深刻地理解着。

循证问题的概念，一如由循证医学的定义所表述的，不停留于“基于证据”的直观意义，当是具有“自身结构”的一种命题；而结构的存在是一种观察的方便，具有方法的意义。

由医学到建筑学的概念借鉴和观念跳跃，使本书不似传统的命题和文本，尽管是一已之言亦少不得具有某种质疑和批判的性质，其意义却是

“提问大于结论”的。

“为绿色建筑的循证设计研究”，由对建筑数字化现象的观察而发现信息的价值，由对建筑绿色性目标的困惑而重视依据的获得。当偶然地知道有“循证医学”的概念时，“循证设计”的命题是自然地发生的。

作建筑师时，做有依据的设计；作教师时，教理性的建筑学；做研究时，做严谨的现实观察和诚实的论文写作。“循证的思想”所蕴含之建筑学最基本的职业价值观，通过对循证设计问题的初步研究，现已成为本书研究者的职业行为依据。

本书的自主研究为建筑学引入“循证”的理念，预见其对建筑学发展的价值；为绿色建筑提出一些新的观念，讨论其实践的积极意义；重新理解某些既有的概念，研究其内在的联系；重要的是为学科理论、设计实践以及专业教育提出并预见问题。

对学科基本问题的讨论，在某种程度上，有哲学的意味，至少是专业的技术哲学研究。其中的价值观和方法论，需要行业实践者自主讨论，不能只依靠哲学家的系统外观察；一如有关建筑设计方法及其工具诸问题的研究，不能由软件商全替代。而绿色建筑作为一种综合性能的社会化产品，其研发也不能由建筑师独家承担。

循证设计的研究不是妄称，尤其不是攀附技术哲学，是命题本身要求不是现象表面的记述。

## 0.10 诸问题

诸问题一直存在。诸问题不是第一次被提出。诸问题成为文本的主题，因为循证设计的研究遇到问题，学科基础性的问题，在应该有所推进的时候，不得不回归到“学科的基本问题”之上，实际上，是与建造逻辑有关的问题。

《诸问题》的题目，因一本书《诸世纪》。

《诸问题》的文本完成于2012年5月间，那时的题目是《为绿色建筑的循证设计研究》，现在在知网上也还找得到，曾被检索下载过（那一版的立面更精致，并有剖面可参照）。写作的目的是为存留而不是交流，只暗中期待文本对实践有所预见。

一些年来，“绿色建筑”少有人提及了，却并不意味着问题已被彻底解决或者有关命题成为业界的常规认识，这是可预见的这个行当的常态。“循证设计”有的已与知识管理和信息模型相关联，这是积极的理论的实践和对现实的研究，而设计实践也要等待理论的深入、拓展和成熟。“建筑教育”的问题在笔者这里，也进一步形成理论的概念结构和文本体系。实际上，专业教育问题，在教育上，是教育学的问题，这是长久以来不曾被认识到的；在专业上，正是学科的基础问题，也是学科的“内部问题”。

# *1* 工具：数字建筑诸问题

循证设计作为一种价值观念，并不是只在信息时代才可以被理解。

依据人生的历史经验以及由此产生的愿望，人们会知道，无论对于个体和社会，道德和伦理都不是“天然高尚的”，而总是被期望是能够不断进步的。循证之与设计相联系，首先作为一种“职业的价值观”，正是处于这样一个文明发展和价值选择的过程之中。而现在的问题是，循证设计是不是可能的，在建筑数字化的发展过程中，“基于证据的设计（EBD）”之对于信息广泛存在的职业工作背景是不是必然的。

实际上，有关循证设计的研究包括对概念的初步意识、对术语的深入理解以及对其中内在逻辑的发展，正是源于对建筑数字化现象的持续观察。

对建筑数字化现象的观察，不可回避这样一系列的关键词，即建造、设计、方法、工具、文化、职业共同人群（设计者、投资者、决策者、消费者或称建筑物使用者、工具使用者和工具提供者）、信息化观察的基本方法等。而观察的结果，寻找其中内在的逻辑结构，将有助于专业技术哲学境界的养成。对专业哲学的境界又是各学科专业之间沟通的前提，能够发现其间相同的内在机制，进而形成对各自学科发展的预见力。

一个容易被质疑的问题是，内在的逻辑结构是否先验地存在着？“相同的发生机制”是不是在不同表象之内为同一的？

现实中，数字建筑诸现象集中表现为“数字化设计工具”的产生和发展及其对设计的影响（第一节）。在工具的使用者对新工具的适应过程中，数字化技术刺激可以使我们更加全面地理解传统设计的方式和对象，其中包含设计的本源意义（第二节）。数字化的工具与方法为设计和研究提供更多技术支持，数字化可以做更多的事，以前一定程度上搁置的问题，如对空间品质的要求、对建造过程的监控以及对环境关系的协调等，其各自的相关理论研究和实践的积累，在数字技术及其一应观念逐渐成为主流的背景下，有可能整合为设计中的系统策略，而整合又是与循证相耦合的概念（第三节）。整合也是相对于系统的离散状态而言，整合之为可能的和必要的、根本的，是信息时代中观察和描述方法的进步，如关于“复杂”的承认，并不是认识对象突然变复杂了，而是认识的能力正处于能够识别复杂但又不能进行有效干预的理性水平，至少已经不再是孤立地、单一学科地看待问题（第四节）。

信息的广泛分布和占有改变着职业的发生机制。由社会生产分工而产生的职业分化，不再只是社会财富创造与分配的途径，而是通过相互的知情而要求对等的发育水平和双赢的利益，所以建筑设计的“循证”首先是职业的价值观。

## 1.1 数字工具

建筑（设计）的“数字化”首先是工具性的。

对“工具问题”的研究框架，容易令人想到一系列命题，如工具的起源和发展、工具的种类与组织、工具的价值及异化等。其中抽象的工具可以分为思维工具、管理工具和技术工具。在“思维工具”的水平上，有如《工具论》的著述。现在要说明的是，建筑学数字化工具的发展方向，其管理意义大于具体的技术意义。

同时，将“数字化”作为一种“理性的”观察方法，其对建筑学诸现象的考察，不只是树木，也不只是森林，而是群落的和生态的。建筑数字化技术不只是建筑学“传统内容和方式”的“比特币”形式，数字建筑自有其产生渊源、发展沿革和技术哲学。

一般工具及其效率总是与工作目标及品质相联系，建筑物本身与汽车一样具有宽泛的工具意义（建筑的效率将在建筑绿色性机能中体现）。抽象地，对于整个社会的建造工程，建筑师本身已经具有“设计工具”的意义，现在这个工具装备了更多“外在”的设备插件（网络工具软件术语），即数字化设计工具。建筑数字工具以“建筑物”的全面数字化描述为前提，从而完成工具维数的转换，使建筑设计的工作方式超越形式操作的传统。

随着信息时代的整体发展，传统 CAAD 的概念逐渐为建筑数字化的术语所替代，数字化也几乎全方位地渗透到传统建筑设计的过程之中。CAAD 软件从单纯的“设计-制图”工具，向管理工具发展，建造信息处理的问题凸显出来。

工具效能的改善，甚至由数字化所带来的工具系统的跃升性升级，同时对建筑性能提出新的（可以做得到的）品质要求，也即对建筑物自身的工具性伦理的理解，甚至可以提出建筑物机能的概念。这是数字工具与建筑绿色性所共生的问题，即某种程度上，数字化工具不可避免地与绿色建筑的目标联系在一起。

工具也改变使用者的行为和生产的组织模式，如武器装备从以冷兵器为主流到战略武器系统的建立，改变了格斗技术在军事思想中的地位以及军队的兵种结构。数字设计工具超越个体的建筑师并可能改变传统的专业分工，不只建筑学专业，相关专业如结构、设备和预算等各有辅助设计软件，都是建筑数字化的成员。集成后的工具系统可能由建筑师同时完成空间几何建模和各种技术性模拟，即数字工具的系统化发展蕴涵“节约的伦理”，包括人力、物力和智力。而系统性全局工具网络的开放性工作平台，将有业主实时参与与监控，工具系统同时整合设计者和业主的建造行为。

工具原是能工巧匠的延伸，现代工具可以更多地影响甚至决定工作目标的质量，并提高其基本标准。在从传统到数字化的转换中，工具自主的发展曾先于对目标的理解并出现专门的工具提供者，面对这种分离性工具异化，便需要工具伦理的研究。

### 1.1.1 建筑数字工具伦理

工具的产生和发展，典型地代表理性发展的线索。“工具理性”是人类在无穷的欲望与有限的个体时间之间的权宜。并且从这一点上更可以知道，理性不是天然的，理性即人性；或者“价值理性”是人性的另一方面，即人的目标或欲望本身。

“技术性工具”原是由工具使用者（手艺人或即专业人士）直接发明和制作的，所谓“工欲善其事，必先利其器”。特定的工具为特定的任务目标服务，并与具体的工艺（技能）相关联，是行业生产力的固化（广义的，包括武器系统）。不同工具的工效设计，依“质量的预期”为前提。

工具品质的进化，也与工作目标的演化相联系并互相影响。“通用性技术工具”作为特殊产品，与货币是“特殊商品”相类似，最终出现专职的发行者和制造商。而工具制造与使用者的分离也造成“工具的异化”。

狭义的数字化设计软件是“专业性技术工具”，却不是建筑师主动发明和开发的。数字工具对社会最直接的贡献，首先是养活了软件商。建筑设计中各种可能的需求，均成为软件开发的“题材”，已经有各种功能的软件产品分布于建筑设计的各个阶段和专业。

软件公司的厂房是建筑师设计的，但是建筑师也被软件商作为客户培养并研究了。

数字化的设计工具，如“毒品”一般。尽管建筑师被动地接受并不断地购买商品化的数字工具，却也从此“摆脱不掉”了。

如此，在各种建筑设计工具的软硬件之商品化过程中，在商品经济的层面，已经如实地表现为“技术转化为生产力”的一般进程。但是，在工具使用的层面，建筑设计行业更需要关心的是，这种转化是否、何时或者如何能够真正完成。

实际上，数字化设计工具在建筑设计部门列装后可能带来的行业行为的变革，是一直被预言和期望的，但是，时至今日现实的准备仍然不足，新装备潜在的全面性能仍然没能被彻底地转化为生产力水平。对于建筑学界来说，从被动地接受数字化技术的强力渗透，到深入理解、广泛地达成共识和积极地应对，从而超越数字技术的单纯技术工具意义，发挥其管理系统的作用，仍需要经历一个时间上的过程。

历史经验表明，生产装备对工作行为从而对产品质量有直接影响，马克思曾经从生产关系角度讨论过工人与机器的关系，而单纯生产力的，工具固化了工作目标，反映出目标的特性，具有阶段性的合理性。使用者不是被工具控制，是通过使用工具而工作，其行为是被工具所内含的工作的内在规律而规定。

如艺术种类之不同，源于表达工具的差别，最原始和最直接的艺术工具是人体，整合了“眼耳鼻舌身意”，各种艺术才能够通感。数字工具成为主流以后，建筑师彻底摆脱了美术家的手工工具对设计的限制，作品在造型艺术之外表现出整合的技术美学，是新的工作目标。

#### 1.1.1.1 传统 CAAD 的使用——人力节约

建筑数字化是从绘图软件的开发和应用而发展起来，是商品化及其循环过程使数字化的“高技术成果”转化为可简单操作的劳动工具。

软件工具本身并不简单，是科技固化并传递的形式，具有了劳动力价值，甚至可以高效率地带来剩余价值，这是马克思主义经典作家150年前没办法预见的事情。

设计软件之由来，积累了数以百计的“人·年”开发量，这种技术与知识、智能与体力的固化，即使不是新知识的生产，至少建立了专业知识体系的新的关联机制，并反馈于对原有体系的认知。在这个发展过程中，CAAD曾滞后于结构电算的进展，却不能完全归结于软硬件技术发展水平的限制。其中一个重要的原因是，建筑设计专业自身对于“设计的本质之理论探求”重视不足，绝大多数人长期停滞于直观的理解水平上，并且也因为这种“无理论”的认识状态，并没有影响到传统事务所的设计事务与生产节奏。

因而早期的CAAD软件的开发宗旨，尽管有直接面向建筑方案设计的尝试，例如自动生成建筑平面的专家系统等，最终（19世纪90年代中期以后）是面向建筑设计制图的软件工具成为商业主流。而这时的所谓CAAD工具多是通用性绘图软件，CAAD软件的一般系统设计和常规使用，停留于直观的“制图常识”的概念，约等同于中学水平的几何知识。

用户需要结合传统的工作方法和过程，对软件产品为设计者的当下使用而进行二次开发，同时意味着，建筑师使用相对新潮的工具，却继续为传统的设计目标而工作。但是经过20年来的相互影响，显现出软件文化难以抗拒的强制性，建筑设计界也心随物转了。多年来CAAD软件已经形成其“传统”模式，尽管不是为专业定制的，建筑设计界也不得已而用其次，而工具与使用者之间的新伦理关系也日益显现。

传统的CAAD工具毕竟对建筑设计行业乃至整个建造业产生了积极的推动作用，并逐渐形成一系列相关系统配置，如制图、建模、图像处理、文本编辑、文档管理等。同时培养了各种专门的人才，甚至催生了如“表现图公司”等新型配套产业。制图系统中对案例的储备，提高了生产效率，一定程度上是规模化生产的技术前提。

因此，传统的CAAD工具，尽管系统不够完备，仍能模拟建筑学传统的工作方式，适应于传统的设计工作目标，继承了形式操作的传统，是对专业目标和劳动工具的简化，从而在现有的劳动组织模式中，提高设计生产的制作效率和教育训练的效率，可以短时间内组织大量人力。所以毋庸置疑，如果没有软件工具的强大生产力作用，二十多年来中国城乡建筑的大面积发展是不可想象的。

这等由效率的提高而发生的节约，节约的目标是时间中的生命，也即人力，换言之，软件即人力集约。

#### 1.1.1.2 传统 CAAD 的谬误——工具依赖

稳定的“工具性能”代表对工作对象的理解水平和价值要求。但是工具软件的性能并不能替代人类的全部智慧和情感，建筑设计的行为实在是不为“制图”所能全面涵盖。建筑师之“自足性”职业心态有其积极的一面，内心中的“艺术理想”和创作潜能总是至高无上的，每时每刻准备挑剔软件工具的局限；而消极的一面又是对当下软件技巧的惰性，将使用软件的本领或软件系统的性能当成自家的专业技能，不觉醒时，有工具的依赖性，工具并通过对人的“控制”影响到设计的结果。

在某种程度上，这是建筑师与软件商之间的博弈，依博弈论的对策，是假设对方与己方一样明智，双方都会做出最佳的选择。无论建筑工程师或软件工程师，只是训练背景不同，从而智力输出的方式和内容有分工，但是在共同利益下需要双赢的局面。实际上，早在 19 世纪 60 年代提出的“建筑信息模型”的概念，正是双方“在观念上”合作的产物，只是那会儿软件工程师还不够强大，所以问题被搁置了。

但是，即使建筑信息模型同时集成了方法和产出物，完成了生产工具的数字化和工作对象的表达物的数字化，操作过程即设计思维过程也没有被刻意地抽象化和非人性化，然而，全新的数字化设计手段毕竟使人的创造力和文化情感受到了挑战。

在有了技术的可靠性保证以后，“设计的意志”将由谁来把握？如何维护并坚持美学判断的尊严？设计应该结束在哪里？对于建造的新目标，工具应该如何使用和发展？建筑的设计只是面向“方案设计本身”并且仍然是“个体的行为”吗？

这样一些问题暗示着在传统的设计观念中，对于设计作品的终结判断所具有的流俗的约定性。这种集体无意识的约定俗成，也同样表现在数字化设计手段的使用过程之中。对工具有更高的期望没有错，谬误的是对人机系统中的人-机关系的意识。

在人类意志可以操作的虚拟世界中，如使用软件工具进行设计的过程中，虚拟空间的时间是可逆的，尽管仍消耗现实的时间，反复的结果是获得可靠的现实空间，虚拟的时空便隐含着经济伦理（设计的价值）。现实时间的消耗意味着劳作的积累，从而获得诚实意义的财富；虚拟投机的成功使人懒惰，手段对结果有时会具有某种暗示作用，获得效率同时也带来惰性，美学的价值观也容易得到流俗的满足。

如果设计者流连于使用工具而轻易地、廉价地获得的某些“意外效果”，正像设计市场中流行以至泛滥的由效果图公司推出的建筑表现图册，对设计创作所造成的恶劣影响一样，如果成为整个行业风气的主流，则一定时期内的建造活动便有潜在的危机。可以逆料，如果一味地因循现有软件工具的直观使用，“风格”又将成为惰性的口实，而惰性的累积仍将使现代建筑遭遇类似在 1972 年或 2001 年被“宣告死亡”的局面。

### 1.1.1.3 传统 CAAD 的终结——系统升级

问题出在个人行为或局域意志与行业整体和谐之间的矛盾，数字化手段不只是个人化的设计-绘图工具，数字工具也只是行业信息化的组成部分而不构成其全部。未来必须是信息有序与体系和谐的，建筑数字化的概念必须超越单纯的设计工具的意义，而是使人类过往的建造行为与智慧，全面地固化并同构于设计软件系统之中，并重新理解设计之于建筑全生命周期的意义。换言之，建筑数字化不能够只局限于建筑物的设计和建筑师的个体行为，工具的完善不意味建造业的整体和谐，建筑物系统的可靠运行才是最终质量的要求，必须突破 CAAD 仅仅面向设计阶段的传统苑囿。

标准化曾是传统 CAAD 的基础和目的，而标准化的要求实际上只适应某个阶段的工业水平。当工业体系的综合水平发育到相当成熟的程度，加工设备的小型化和工效的提高，将使建筑物的现场生产更加多样化；同时建筑产品的车间化“批量定制”也在不断发展和健全之中。如此，工业体系使材料、设备和施工完善，数字手段使设计、管理和信息完备，二者一起共同完成“建筑物集成营造”的意义。

但是问题仍然存在。因循设计工具层面的设问，即使期望中的软件订单正在被迅速地完成，兴奋的阈值也早已大大地提高，数字化还能为建筑设计做些什么。或者还有对数字化硬件设备如人机界面的期待，这是工具可视化的问题之一，可这又是不是如泰坦尼克号客舱挂衣架数量的问题呢?

实际上，激光三维全息数字化仪器已经可以完成立体数据的采集，许多二维的表现图早已通过类似的过程来制作了，而“面向营造的BIM扩展”的CAM设计系统的输出物，当可以是工作模型（或施工模型）；数字化的“输入-人-机-输出”模式的系统和设备，更可以提高“实物模型方法”的性价比，设计中将可采用“直接模型法”，即虚拟世界的建立不是数字化的全部意义，设计过程也不能独赖“信息模型”来建立建筑物的物质化生成。换言之，迄今为止的CAAD传统事业，在看到它光辉灿烂前景的同时，也快走到了尽头。

进一步地，在工具使用的层面，当某些工具完成配备后，设计组织如何极大地发挥新装备的生产力作用?尽管工具能够固化一定规则和原理，但工具不能完全替代工艺和方法，如航空母舰列装与战斗力并不等同且有战术到战略的任务转换。则“信息的完备”是更关键的问题。

信息网络化的背景，对当代建筑学的发展又是一个机遇，不再只被动地等待工具系统完善，建筑数字化的另一个方向更重要，是信息系统的建立和信息管理工具的发展。因而必将“终结的”不只是传统CAAD工具及其工作方法，建筑设计本身的发生过程和工作重心，随着建筑（设计）数字化的发展将有所改变，并且这种改变是由建筑学科主导的进而完成学科自身的系统升级。

### 1.1.2 建筑数字信息管理

尽管建筑学的相关理论没有为设计软件的开发准备好逻辑清晰的设计方法论和具有操作意义的设计过程的物理模型，建筑数字化设计工具的开发却径自走到建筑设计理论研究的前面，并已经获得一个直观的数字化设计模式或技术手段甚至商业产品——建筑信息模型（BIM，Building Information Model）。

建筑信息模型的理论与实践，现在促进设计专业自身对于设计的本质的反思。实际上，无论模拟或数字方法，都只是信息“能指”的一种载体，建筑物信息及其模型方法也一直存在，而这里的“建筑信息模型”的虚拟概念，只有在数字化技术下才具有“操作意义”，否则建筑物的信息“所指”只能完备地（并隐形地）受载于具体的建成物。

建筑设计自形成职业以后，一直是在“虚拟的”方式下开始工作并推进成果的，“设计”之于词语上原有虚拟的成分，设计本是“虚拟的建造”。有关建筑的一系列现象也一直是同时存在于虚拟的或者信息的世界中，尤其是当图纸和模型被发明以后；在此之前是存在于人类意识的记忆中和原始的话语中[11]。

与数字化的建筑信息模型相类比，图纸和模型也已是信息所指的一种集合水平，是一种模拟的媒介形式。又如言语是一维的表达，文本与图形是二维的，而建筑物是三维的存在。

从图纸到建筑物，是将图纸空间与建筑物相映射，维数的转换应该是一一对应的关系，即由低维向高维转换时各项数据需要完备，而这恰是数字化的技术优势，建筑物信息模型概念的实践，突破了传统图纸在“工具维数”上的缺陷，并使模型的材料具象化，尤其表现在与现实“建筑存在物”的逻辑对应上。

建筑的如此数字化表达物，是设计的一种直接物质性阶段成果，即在虚拟系统中所表达的、现实世界中可建造之数字化建筑信息模型，已经是一种建筑物的存在，便是建筑的数字化生存，并由建成物到数字物的反馈(如从建筑物到竣工图)，使建筑物的信息组织健全，并通过与建筑智能系统的数据接口，参与到建筑物的运行与维护管理中。需要意识到，以 BIM 思想所研发的商业化设计工具，如 Revit 和 ArchiCAD 等，在表达建筑物基本数据之外，具有承当建筑（物）信息的管理系统的潜力。

BIM 亦是动态的过程，换言之，BIM 的含义在这里可以指 Building Information Management，也即具有“建筑物信息管理”的意义。

在 Revit 使用中有一个常见的意见，即认为 Revit 等更适合施工图设计。而实践中也有从方案构思阶段开始使用 Revit，一笔草图不画，直到形成完整的设计方案的经验。

这样的案例典型地表现出如何将设计者头脑中对设计概念原始状态的意念和非数量化的碎片信息，经可视化方法组织起来的过程。这样由设计者主导的设计，已是微观的设计信息管理（图 1-1）。

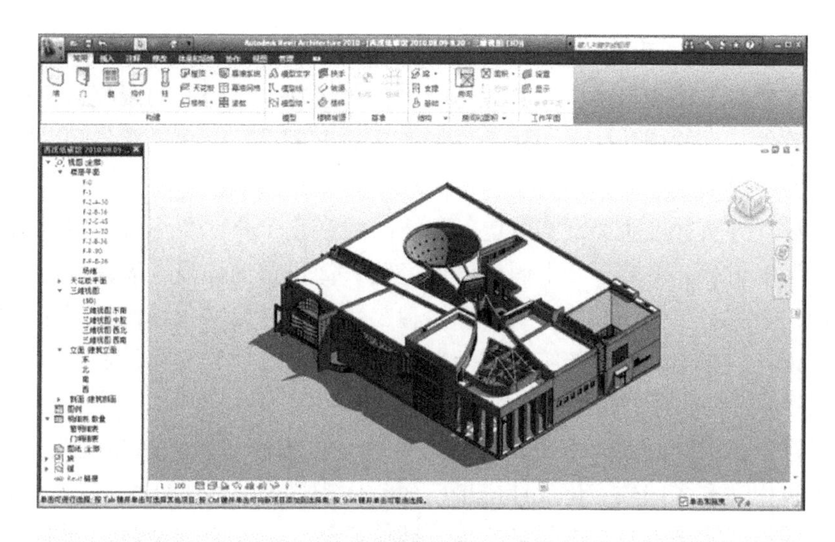

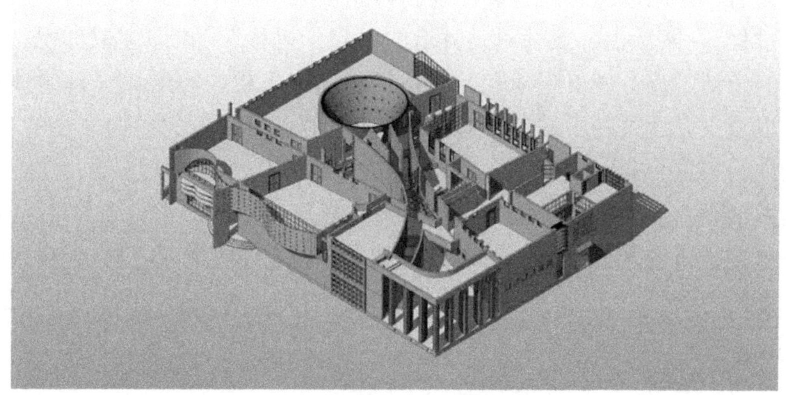

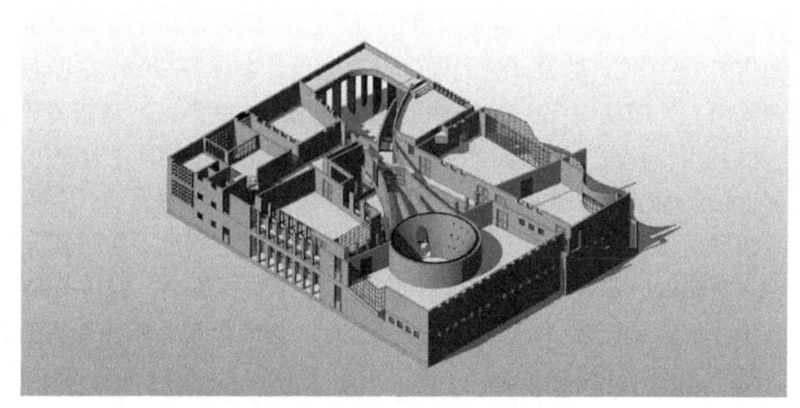

图 1-1 微观的设计信息管理

### 1.1.2.1 面向营造的 BIM 扩展——物力节约

在建筑设计逐渐失去神秘性的同时，建筑师也变得心明眼亮，不停留于对软件工具的被动接受，而是对新产品提出要求。这也是软件商对建筑师培养的成果之一。

设计方法曾经脱离现实营造。传统的数字化工具减少了传统设计方法中的尺度矛盾并一定程度上固化设计经验，却仍是面向设计阶段并以完成设计作为基本目标。即使建筑信息模型工具也同样要转化出图纸以指导施工，设计信息仍在因循传统的层面上交流，而现在这种交流层面本身也必将被取代，CAAD 的传统概念需要被超越。

进一步的问题是，不只是通过数字化手段提高"设计的品质"，并得到建筑作品本身的数字化设计成果；而是要求同时重视对于材料、设备和人力的恰当使用以及相关经济伦理，即软件的开发，应直接地"面向营造的全过程"，实际上，设计只是营造的"影子过程"，也即虚拟过程。基于营造的设计工具，使材料采购、设备定制、施工组织等形成完备的预案设计，以减少设计过程中的"信息回流"。这等由管理的完善而发生的节约，节约的目标是空间中的资源，也即物力。换言之，"管理"之为生产力，也是通过其对生产资料的组织能力而完成的。并且知道，节约不只是品德，更是被迫的理性；而能够做到节约，则是艺能的境界，是对建筑师和软件商的考验。

### 1.1.2.2 数字工具与全周期（BLM）

作为微观的管理系统，BIM 的管理意义，物理地存在于使用传统手工工具和传统 CAD 软件的设计过程中，表现为设计者在各种图纸之间相容性的协调能力上，如使用 AutoCAD 等传统制图软件的境界，不是制图速度的快慢，而是操作者对于图形元素和各图纸的管理水平。BIM 类型的设计工具，创建信息模型实际上是建立诸信息关联，工具系统中预设了有关设计信息的关联框架，其中隐含建筑物的某种基本构成逻辑，而管理正是需要基于内在逻辑的，甚至是逻辑的发生方式。在某种程度上，使用 BIM 系统的设计工作，像是在做"填空"作业，如此，意味着 BIM 软件工具的开发指标，是系统固化逻辑的完备。

现在更能够知道，建筑数字化是对设计甚至建造过程的全面模拟，设计工具与工作目标需要在建筑全生命周期上一一对应，并互相关联。

"面向营造全过程"的观念和对工具的要求是基于对"建筑全生命周期管理"（BLM，Building Life-circle Management）的理解。"建筑全生命周期"是一个具有"生态学"意义的概念，对建筑物全生命周期之线性的、理想化的描述包括策划、设计、制造、测试、运行、回收等阶段，却非独为建筑（建造）的过程，而是所有产品的一般生命过程，并且不只是时间上的进程，其中有"信息流变"，隐含经济伦理；甚至在建造实践中，这是一个信息非单向、流程非线性的过程。

"建筑全生命周期"的概念已经是一种"系统信息"的观察方法，却不意味着建造的现实过程因为有这样的新标签而万事大吉，而需要建筑设计理论和软件开发策略的更深入研究，如各阶段工具的系统集成需要统一的"数据流"，进而物化为各工具之间的数据接口，这是"宏观的"设计信息管理的问题，即"建筑信息模型"需要拓展为"建造信息模型"。实际上，关于建筑全生命周期的各个阶段已经分别有专项研究，如"建筑策划""建筑师职能""建筑物使用后评价""智能建筑"等，建筑的"绿色性"也表现为建筑物系统在其全生命周期内的综合性能及其与环境的互动关系，凡此种种，现在可以在建筑全生命周期管理的视野之下，建立起理论的逻辑次第，并通过数字技术整合为每一次具体建造的"行业的系统行为"。

在这样的大背景下，循证设计对设计的研究，不限于传统设计的范畴，也不只是对设计技术或技术性设计的研究，设计之作为建造的虚拟过程，如果有"建筑物的全生命周期"，便有"设计的全生命周期"。信息世界是物质世界的虚拟对应物，循证设计的研究正是在信息水平上对建造的研究，并通过信息网络化建设推动设计的社会化，而建筑设计信息资源及其数字化的发展为循证设计提供了物质基础和操作可能性，从而使建筑设计的成果成为"建筑全生命周期模型"（BLM，Building Life-circle Model）。

#### 1.1.2.3 超越工具的数字化

由 BIM 之从"建筑物信息模型"（Building Information Model）到"建筑物信息管理"（Building Information Management）的转义，BLM 之"建筑全生命周期管理"（Building Life-circle Management）到"建筑物全生命周期模型"（Building Life-circle Model）的延展，可以知道，"建筑数字化"的拓展涵义是超越建筑设计工具的数字化的，"建造信息管理"将成为建筑数字化的主要发展方向。

建筑师在建筑（设计工具）数字化的发展中一直是被动的，其最常见的情形是，由理论研究者提出概念，软件商制造工具，建筑师在实战和教育中研究工具的使用；一般的研讨会和论文集中，关于建筑数字化的研究便大量地停留在命令介绍和经验汇编的水平上。

这样的做法无可厚非，正如当航空母舰被制造出来以后，需要通过测试演习以了解新装备的性能，并训练一批能够极大地发挥武器战术效能的人员，建立一整套协同的作战系统，才能最终使新装备列装常备序列。但是，新武器平台的加入，将不只是可控制疆域的边界扩大和作战的方式变化，根本改变的是兵种的“战略任务”，进而建立新的军事思想。能够想象，这样的战略思想是在同时被总参谋部所研究的。

类似地，建筑数字化发展也需要突破第一岛链。建筑数字技术的意义也不再是面向传统的个体建筑师，尽管有关建筑数字化应用能够想得到的问题，都有人做过了或深或浅的探讨，数字化辅助设计软硬件的工具作用早已深入人心，数字化工具的“战术能力”也已为人们所领教，但是如果从整个行业地看问题，可以预见，“设计的组织方式”不改变，包括“设计生产机构”的重新构成和作为设计成果的“设计文件”组成内容的更新，“数字技术对建筑设计思维模式的影响”也不会最终完成，而建筑设计思维模式的转换，是与建造逻辑的跃迁相关联并相渗透的问题。

数字工具，无论单机的或网络的，不是因为磨损而替换，总是被更强大的版本或新概念产品汰换；其所保障的基本生产质量，是规模化生产的组织效率的前提；而效率的提高也刺激质量的提升，这已经是专业智慧的积累和物化的过程，并以此形成新思维的认识基础。理想中，有目的性的制造系统，一般需要包括目标和管理、技术和工艺、人力与物力等生产力要素，从而完成对产品的全周期控制；建筑数字工具中不断集成有关设计的智力、体力、方法、规则和案例信息，基于 CAAD 而产生，却已具有超出设计阶段、在建筑全生命周期上发挥作用的潜力，未来建筑数字化的发展，超越设计工具的数字化，在信息观察的视野下，在信息处理的水平上，完成对建造全过程的控制，而 CAAD 或数字化作为一个独立的问题已经开始在逐渐消亡。

### 1.1.3 不可数字化的成分

从蚕食到鲸吞，数字化迅速蔓延到建筑学的任何一个角落，并与传统建筑学不断融合，为建筑学提供新的工具、方法和概念。在这个过程中，数字化本身将消隐于建筑学的现代形态之中。在现阶段，在肯定建筑数字化作用的同时，同样要认识到，数字化对于建筑学不是万能的，建筑学中“不可数字化的成分”，无论对于研究者或设计实践仍然是引人入胜的；而无论数字化或不可数字化的问题，都是对建筑学之“信息”发生及其过程的考察，在某种程度上，也是在开始“从信息的层面上”面对建筑学“存在状况”的复杂水平，其中有多种发现和分析问题的层级线索。

线索一，在循证设计的观念下，包括学科背景、建筑师、业主及设计对象多方面有关设计发生的要素。其中的“学科背景”，当以“宜居问题”的学科群作为当代建筑学的基本形态，并在其中建立“环境控制学”（包括绿色建筑性等技术问题）和“环境行为学”（包括通用设计等人文因素）两大组分时，建筑学科自身的理论和方法有待于重新建构和增补；对于建筑师，其中有个体的建筑学价值观和（阶段性）设计工具特性的影响；即使是知情后的业主的价值要求也经常有“非理性”的成分。

线索二，“设计-建造”之全过程层面，尽管有全生命周期（LAC，Life All Cycle）作为先验的逻辑框架，其子系统之一“设计-创作”过程中，Parti 的产生和灵感的获得，不是数字化的任何水平和方式可以规定或者描述的，甚至不是被期待的。

线索三，“人-机”（软硬件设备）系统中，软件是系统性能的核心部分；但是，人作为工具的操作者，是工具系统中最能动的成分，是人与工具互相存在的意义。

线索四，对于各种阶段的工作成果的评价，医学有“预后”概念和终极的价值，建筑学仍难以有严格的标准，如何是更好的，总基于各种具体的条件的限制或支持。

线索五是建筑师的教育训练。设计工具极端发展以后，有传统基本技能的回归；此外，从现在开始的以后某个时期开始的建筑师的工作，将是对环境“被破坏”状态的修补，便是当下建筑教育的储备意义，并且意味着学科的发展大于数字化的扩展，而数字化作为一个概念的“消隐”，是因为成为未来建筑学的日常工作之一。

“不可数字化成分”之广泛存在，甚至是能够在这里这样用概念及其层级进行分析本身，已经意味着某种“不可数字化”的观察方法。但是凡此种种却都显示出对“信息操作”的可能性。

在建筑学范畴内的研究，不是试图做哲学家或者社会学理论家的事，关于数字化和信息的定义，仅以流俗的共识为前提，探讨的是建筑学和建筑设计中的有关现象，而从工具到管理、由数字化到不可数字化，信息的意义逐渐显现。进一步地，知识和循证意义的证据，是以信息的广泛存在作为前提的。

### 1.1.3.1 数量化与数字化

不是因为学科传统的自身保护性，所以刻意地强调出某些“不可数字化的成分”，甚至也不是由于学科的复杂度而难以数字化的妥协。实际上，信息化大于数字化，数字化大于数量化；信息化是根本的，数字化是中介的，数量化是最严格的信息化。

既然已经知道“数字化是对信息的研究”，能够看到，不是所有信息在其产生的第一时间就是数字形态的，数字化不构成信息化的全部内涵。正如设计软件的使用，现在我们也知道，数字化不意味着全部内容或全过程的精确数量化（这是与曾经期待的，或者恐惧的，工具系统之“自动设计”一般的误区）。

早期的数字化工作是从可简化和可固化的信息研究做起，即技术设计中可数量化的部分，最先被数字工具表达，进而可以进行某些操作，尤其是可视化、图形化操作。CAAD之所以从“可数量化的成分”开始，设计首先被简化为制图，图纸被简化为无内在关联的图形元素，线条实际上被端点的坐标数据表示和记录，图纸的图面意义以及各种图纸之间的联系完全由制图者判断和管理（如早期机器翻译的水平）。

技术设计所依据的数据，其数字是有具体的物理或事理指代的，由现实的客观整体性知道，数量化的信息不能独立存在，数据自身的标准和数据之间的关联才是有价值的信息。

在这个意义上，数字化工具系统，无论设计的或管理的，是建立数量之间的逻辑结构，因此可处理信息的关联维数和复杂度，仍是判断数字工具的（及其知识系统）逻辑完备的主要标准，而不是其中所含有的可数量化信息的丰度。

在不可数量化之外，仍有许多类型的信息可数字化。如建筑学所需要并处理的非数量化信息，包括文字、图纸、图像、影片、声音等，均已可以通过数字化工具来表达、存储、处理和传播，并可积累为专业的一般知识或设计的共享证据。至于在设计过程中对设计者的思维和灵感的刺激物，心理学家甚至会注意到气味对记忆和感觉的唤起作用，这种作用由于个体的经验而能够确信其存在，尽管不可数量化和数字化，却已成为有关行业"行为文化"和历史的叙事信息，并继续通过教育和实践，在设计中发挥暗示的作用。实际上，这样对"（泛）可信息化"的梳理，包括对信息的提取、整理、显化和传播，已经是对"设计行为"的一种非数字化的研究。

数量化与数字化，也是图与画的分别，其中有技术与人文的简单分野。但就建筑学理论本身而言，无论技术的或人文的，其数字化都是荒谬的，"可数字化的"是在文本水平上的信息。而由理论与实践所综合的"价值评价"的"泛可信息化"，包括定量和定性两方面，在数量化之外，都隐含了整个行业的价值观和评价者本人行为道德的不可数字化成分，每一次评价的水平最终将关乎设计证据的判断和形成。

### 1.1.3.2 建筑学与数字化

数量化、数字化和信息化，有关于建筑物及其建造信息发散的层级过程的意义。进一步地，如果建筑学的不可数量化是一个毋庸置疑的问题，数字化是否更加造成理论与实践的脱节？在数字化的问题框架中，建筑学、建筑设计、建筑物和建筑师，是不是同一个水平下的问题，或者如此四个概念之间原本有怎样的内在逻辑次第？

在宜居的总目标下，建筑学有环境控制学和环境行为学两大互补的线索，尽管不是广泛的定论，却有观察的方便，并以替代对建筑学之"技术和艺术综合体"的浅表性见识。

环境控制学或者人工环境学，具有相对纯粹的工程技术意义，无论是建筑学的自主研究或借用专门研究的结论，数字化技术既是研究的工具也是表达和传播的媒介，其中更有大量可数量化的成分，提供空间物质性或机能性设计的主要依据，并且这些依据通常是硬性的、可重复的和可证伪的。

同时，即使由数字化的研究强调建筑学的工程设计属性而具有生产力的作用，毕竟研究的是整体的建筑学范畴中的问题，必须尊重并继承过往的建筑学智慧，尤其是人文主义建筑学的传统，正如每个人都能以其自然人或专业身份评价建筑师一样，建筑学也通过提供全部的社会生活平台而渗透到任何一个领域，建筑学也因为有人的因素存在而与人类社会一般的复杂，便是环境行为学的困难之一，并使现代建筑师更成为社会学的实践者。

建筑学中的社会学性质，伴随社会学及其方法的发展，无论定量或定性的研究，其数字化的成分和可能性，仍是指对具体信息的处理，而不是囿于对一般性的讨论。

环境行为学中各分支学科对现实的观察，并在循证设计的概念下，使每一次设计是具体的研究，是环境的行为功能和信息品质的深化，其研究结论也作为循证的依据。

对建筑学和建筑现象的各种文学化或戏剧化的理解，是建筑学中不可数量化地操作或逻辑地推演的主要成分，也是文学之拒绝数量化的本性和结果。文学没有错，问题出在一般性描述上，以及被少数人总结和判断的状态，其中庸俗化的和软性的甚至攀附式的文字解说，经常言之无物并造成心理疲劳，如何能够还原文化的意义？

建筑学承认其学科构成所具有的内在多元性及无序性，所以我们更加知道，与理论相比，建造和设计目标总是具体的、硬性的和可以定制的。理性不拒绝艺术的指挥，以及作为艺术成分的造型判断的原则。理论通过教育形成价值观、设计意志和设计者的生活情怀，比起艺术家和文学家身份，建筑师作为理性的物质文化创作者最是本分。从而建筑学的数字化，是数字化所隐含的“理性化”意义，首先从方法上，进而在学科的构成形态上，对有效信息的判断与存留，对扯淡信息的甄别与隔离；建筑学不停留于文论的水平，而是最终通过“设计-建造”实践指向“宜居”的环境品质。

#### 1.1.3.3 建筑物与数字化

在建筑学的各种可数字化的成分中，建筑物是最直接可数字化的，其中“建筑信息模型”（BIM）是一个典型的概念并已形成工具。已经有过说明，在建筑物信息表达媒介的一般意义上，建筑的图纸和模型也是一种建筑信息的“模型水平”，BIM 现在从工具维数上超越了建筑设计的图纸方法，BIM 形态的建筑信息集合与现实建筑存在物的逻辑组成之间，表现了更为直观的映射关系，是“建筑物”的数字化生存。

如果信息模型只是描述性的意义，即使某个 BIM 能够完成与建筑物信息的一一对应，数字建筑物是否有独立存在的意义？更极端地，建筑物数字化以后是不是给“数字社会”使用的？至少数字人类不能使用现实建筑，正如《阿弥陀经》的世界，人类去不了；类似地，“数字人类”是否知晓现实人类的“现实建筑”之存在？

至少现在人类自己知道，人类也还没有打算从现实空间中的建筑里迁居到硬盘空间中的数字花丛中去。实际上，在某种程度上，只有建筑师才“生活”在数字建筑之中。

这是一例说明“信息”与其“物理所指”之间的基本价值关系，从而知道建筑数字化，包括 BIM 及其相关方法的一般意义，在“静态描述”之外，更加是物化的“发生过程”的，也即直接指向“建造”的。而且最完备的“建筑信息模型”仍是该模型信息所指的建成物本身，这时该 BIM 的作用，通过 IFC（Industry Foundation Classes）数据交换标准为建筑的运行周期（LAC）提供依据，才是信息的现实价值。

在现实世界的价值观和观察方法下，“建筑物”的数字化，最直接地存在于建筑设备系统之中，对建筑物的信息观察与控制、建筑运行管理、建筑安全监控预警等，是“建筑物设备化”的雏形。如“智能建筑”的意义，多指建筑物的“智能化运行”，假借“智能”的前提（一般地，缺乏学习能力的系统不能成为智能系统），实际上仍是楼宇运行的自动化，即通过建筑物信息的数字化，建立建筑物运行过程中的数字“能观性”，进而实现“能控性”。则从这个意义上说，数字化的建筑物，也即俗称“智能化”建筑的意义，其控制系统相当于动物的植物神经系统，是调节建筑物的自主运行机能的。另一方面，人的生命依赖现实世界以存在，建筑空间也构成现实世界的一部分，作为现代社会的基本生活平台，建筑物（空间）与人的行为之间有相对无关性，数字建筑物可以自动运行调节，建筑物却不可数字化为“人工警察”。

在建筑设计的层面，数字建筑的表达物形成的过程中，数字模型所集成的各种建造信息，包括环境因素、形体造型、空间形态和材料特性等，经可视化动态模拟，为建造的可能性提供依据。循证的时候，虚拟的数字建筑的经验，仍然有积极的意义，总之通过虚拟的数字实验，使现实的建筑物极大地体现建筑学的全部智慧。

#### 1.1.3.4 建筑师与数字化

在数字工具系统中，最典型的不可数字化的成分是建筑师，而建筑师的数字化工作也考验着从业者的价值观，除了工具惰性之外，仍有某种潜在的恐慌。

现实中，人生的物质性决定了人类社会的生产和生活总是由具体的人来完成，每个人从而获得参与社会财富分配的权利和配额。如在建筑设计行业里，传统设计过程本身的艺术家手工工作性质，一向使行业具有自身娱乐性的工作特点，而设计方案和图纸亦有可观的交换价值，从这个意义上说，在为专业作出贡献之前，经常首先是专业对从业者作出了贡献。现在由数字化工具的原因，建筑师需要转换技能；而使用软件工具的工作，在规则下调动了隐形的人力，建筑师的工作一定程度上被软件工程师替代。便有了某种终极恐慌。设计能够全部数字化吗？“智能机器”有灵魂吗？如果建筑的设计全部由计算机自动完成，假使计算机能够完成，则人类要建筑师做什么？在这场人与机器的竞赛结束以后，为机器之间的竞标作解说员么？机器有个性吗？人类的意志如何实现？一旦彻底摆脱了思考的痛苦，人将不人了。

面对这样的疑问，当终极到来的时候，将不是建筑师独家的恐慌。但是在现实中，如果对行业的生存状态用心地了解，你会发现，建筑师与工具的冲突远远小于与业主之间的矛盾。建筑师的自足性职业心态，在面对业主时不足以自保。

即使有注册建筑师制度，既作为专业水准的保证，也是职业的保护措施之一，但仍只是检验个体从业者的传统训练水平，几乎没有数字化的成分。数字化的意义在这里，作为设计和管理的工具系统，如专业规范的意义，不是制约建筑师的创造性，而是保证建筑设计的客观性尤其是限制来自各种因素的主观意志的，因此规范才是职业建筑师的真正看家本领。依据循证设计的三个要素的关系，“学科背景、建筑师和业主”，在建筑师的立场上，极大地发挥数字工具及管理系统中固化的专业智慧，才是整个同业的共同利益，而深入研究将说明，循证设计方法是大于规范的。

以数字化为中介的建筑业信息化是建筑设计的“信息社会化”，并且不是简单地消除职业壁垒或专业霸权，而是建立建筑师职责的真正权威。

从循证设计的研究开始，在信息广泛沟通的社会背景下，在警惕工具对判断的影响之外，最大化地挖掘数字工具行业价值，这时真正的“职业恐慌”将是设计工作内容的更新，以及为新的目标工作时设计依据不足的窘况。循证设计不是创造“数字化的建筑师”，而是建立设计的信息网络及其使用原则。工具被设计和推销，没有建筑师的主动参与，循证设计却是需要全体建筑师参与建设的社会化同业网络。

### 1.1.4 建筑数字化产品与技术之订单

数字工具的发展拓展了工具本身的内涵。工具及其使用与工作的内容和品质相关联。而基于对设计工具沿革的观察可提出设计工具的“维数”概念。数字工具超出美术工具的几何三维而具有时间的特征向量（需要分辨出时间维不是“第四维”，否则与物理空间中几何三维是不对等定义），从而使数字工具系统同时是管理系统，能够发挥对过程的管理作用，包括对人力的调度、物力的组织和设计信息的处理等。

因此，对设计工具的认识，潜在地，是对设计对象和设计过程的研究，也是将对“数字建筑诸问题”的观察，作为对“循证设计”的基础研究的主要原因。

现实中，软件商对建筑设计界的干预性渗透越来越强。软件商甚至摸到建筑师的脉搏，一定程度上主宰了建筑数字化的发展方向。建筑师也从对抗变成了期待。

但是，正如不能容忍“表现图公司”做建筑物的形象设计一样，建筑师需要主动地应对软件商。建筑师的数字化工作不是发现武林秘籍，而是要自主地提出要求。实际上，即使有 BIM 的商业软件在改变设计的程序和教育的体系，BIM 的思想也早已存在于建筑设计的实践之中，需要正确认识工具制造和使用的“分工”意义。

随着建筑师对数字化问题和软件商工作的深入理解，现在更难的要求是，即使在“传统 CAAD 模式”的框架内，建筑的数字化也将不只是施惠于个体建筑师，而是传统建筑学的全面数字化升级，通过专业智慧的全面整合进一步实现“人力节约”。

同时，可持续的建造本身亦有需求，数字化工具产品的新目标题材将是面向营造的 BIM 扩展以实现“物力节约”，即完成由效率到质量的转换，甚或在可持续的观念下，最终质量的保证是更大的效率获得。

#### 1.1.4.1 工程命题的定向软件研制

迄今为止的数字工具仍以“通用工具”为主流产品，标准的菜单和通用的功能为一般的目标而服务，数字化工具自身的潜力应不止于此。当软件工具的制作成本更加降低，达到可以为“特定工程项目”而开发“定制设计工具”时，才是数字化工具发展的自由时刻。

定制工具与建筑产品的批量定制相关，实际上，有具体设计，便有具体工具。

为特定造型与空间机能等的研究和设计而定向研制的软件，是设计工具的定制。设计成果的相关数据库亦可用于建筑的后续运行管理，同时工具的积累将使建筑的设计更加多样化。而研制定向软件的极端发展，是未来建筑师或者可以直接制作软件以操作并管理数字世界的生成。建筑师职业的内涵和操作方式将发生变化。

#### 1.1.4.2 建筑历史信息复原

虚拟的建筑物是数字建筑的一种。建筑史的研究意义，因为“建造的智慧”全面地储备于人类建筑的历史和现实中。建筑物是建造信息的直接承载物，大量的人文的和技术的信息隐藏于直观的表象后面，作为对人类物质遗产和非物质遗产的保护，使用数字化技术生产历史上的建筑与环境，并形成相关文字、绘画、照片、影像等多媒体历史标本数据库。[98]这样的工作既是记录过程，也有研究成分，其工作目标虽然不是历史建筑的现实复原，而以数字形态的信息存放于电脑存储介质中，毋庸赘言，其文化和技术等多方面的价值将是相当客观的，甚至从这样一个层面上更可以知道，最是“可持续的”是非物质的“信息”，这是“可视化的”时空一体的全球建筑通史。

#### 1.1.4.3 全球人聚区域物理环境数据库

“人聚区域物理环境数据库”整合人聚区域的各种环境因素，如经纬度、高程、地貌、地质构造、地质运动、物候状况（包括生物多样性、日照、降水、淡水储量、水体运动、风力、局域节气等），凡此“环境生态指标”均有可数字化的条件，可资形成特定地域的生态技术策略，并且正是生态条件约束下的建筑设计的工作路线的基础依据（如具体的绿色性目标的确立）。实际上，GIS 技术和 Green Studio 系统已是此项工作的雏形，而全球人聚物理环境数据库的建成将直接促进设计的国际化或远程化协同工作。

#### 1.1.4.4 绿色概念的设计工具

建筑的绿色概念将成为建筑学主要的和寻常的理论与设计依据，与数字工具的研制并推广应用的过程一样，绿色概念将成为由高技术的成果转化的可由简单劳动完成的常规技术，人类的建筑概念中将不再有数字建筑和绿色建筑的表述。但是，当下基于建筑信息模型概念的数字化设计工具中，少有建筑的绿色概念，空间形态、材料属性与构造特性等的绿色化，仍没有“隐含于”设计的工具中。

例如，维护系统对空气成分的过滤作用，材料的用量对室内空气的品质（IAQ）的影响，构造的能源高效性，室内空间的“绿色形态”，即空气流动的路径控制及由室内空间的造型而造成的空气相关自发动态的模拟（CFD 研究空间的气流状态）等，应当成为建筑设计中使用信息模型的基本操作内容，并且对设计的技术评价与优化也可实时地发生在其中。其中便有对“与材料相联系的构造设计工具”的订单要求，如具体构造设计中材料性能的可视化组合，像结构软件可判断剪力墙的位置一样。

#### 1.1.4.5 建立“标准建筑信息模型”

前文关于设计工具论的研究中，已提到工具的维数问题。设计通过工具与目标相联系，工具的维数即相对于工作目标的维数而言，数字化工具在维数上更趋近于对工作目标的全面的信息描述。

单纯的“几何造型制模”软件与面向设计的“信息建模”系统是不同维数水平上的工具。数字工具本身的发展，不是简单地从二维到三维的跃迁，而是超越三维空间的单纯几何意义，具有对设计-建造全过程在时间维数上进行管理的意义。

充分认识信息型数字工具的维数意义，对建造信息之交换、兼容和冗余的重视，其中隐含数字化工具之于专业教育资源进一步整合的问题。

在建筑数字化发展过程中，由于训练背景和专业分工的不同，数字化工具软件的开发主要由软件工程师完成，建筑师的贡献则集中在工具形成以后对于软件工具的使用技巧的经验积累，使软件工具的使用效率和延伸技巧在实践中不断深化，现在由基于“建筑信息模型”概念的商业化设计软件的出现，给建筑师和专业教师带来参与建筑数字化工具的“二次开发”的机会，即“类型化标准 BIM”的建立。

在 BIM 软件平台之上开发“住宅建筑标准信息模型”，集材料、构件、构造、结构和空间等信息于一体，用于相关科目的教学，如传统的建筑构造和建筑解析（一）等课程，在这个层面上，对“建筑物”做直观的一般性的物质解析。又如将历史上著名建筑物的相关信息制成 BIM，如伊斯坦布尔的圣索菲亚大教堂的 BIM，同一模型可用于历史课和建筑结构课程的讲授。某些“大师作品”的 BIM 分析，在高年级的建筑解析（二）课程中，结合附加的项目背景和业主以及建筑师的有关信息，是对“建筑师”之创造过程的研究.

更进一步地，面向工程界的需要，作为行业的信息共享产品，也应在建筑信息模型系统内建立“类型化建筑标准信息模型”，其中可包括设计法规的“动态可视化”等，如基于 BIM 的“图书馆建筑设计软件”，包括实例信息、空间规律、设备选型、建筑等级、规范约束等，可以完成类似动态的“建筑设计资料集”的功用。

容易看出“建筑标准信息模型”，可资实现使建筑信息资源的集成化，在 CAAD 软件广义一体化[15]和计算机集成建筑系统[11]（CIBS）概念的基础之上，实现工程设计资源与专业教育资源的共享，并以形成数字化教学资源库，从而提高建筑师的训练水平和效率。

“类型化建筑标准信息模型”的相关软件的二次开发和共享，也可以使建筑师尤其是专业教师大显身手，在指导学生中逐步积累成果。这样一些工作应当受到建筑教育界的重视。同时开发并维护“各类型建筑”的 BIM 设计模块，将成为建筑信息模型实用软件升级的事务性工作之一。

## 1.2 传统设计

传统建筑设计和传统建筑学的研究与建筑数字化的探讨是平行和互义的问题。这里的“传统设计”，相对于“设计-建造”组织方式的更新和绿色建筑目标的建立并成为设计常规之前的状态而言，即当下仍处于传统及其转化之中，而转化之开始，需要有“要求现代性”的意识，首先是对职业未来的工作目标的广泛启蒙和觉醒。

传统建筑设计的形态是目标决定的。“设计”与“建筑学”一样，是不定义的概念，每一个人在专业教育中感觉性接受而不去怀疑，以至于每个设计者有自己的建筑学。现在，建筑学是一个学科群，设计和建造是具体的，如医学通过医生面对每一个病患。但是，为每一次具体建造目标的建筑设计能否可发挥建筑学的全部能力？便需要从设计与建造的关系中寻找解答，从而了解设计的某一方面的本质。

受数字工具研究的启发，如数字化的术语“虚拟”本身已是一个提示，即“设计是虚拟的建造”。因此，建筑数字化研究的实质，不是“计算机辅助设计”，是“设计辅助建造”，而设计本身从来就是被各种手段或媒介所辅助而展开的。换句话说，设计之于建造是抽象的，设计本身是一种工具的过程；建造是制造生活的工具平台，则设计是建筑的“元工具”，也即工具的工具。当知道“设计是对建造的研究”时，设计的意义需要被更全面地认知，而对传统设计（方法）之发展预见，建造目标的改变是根本的决定性因素，新目标将集中表现为“绿色性建造”。

容易知道，设计“这一方面的本质”，是就设计的生产力属性而言。建筑设计是“试错的建造”（Try-and-error），与建筑的全生命周期一样，设计也有其生命周期，各种“设计方法论”有关设计的心理、方法和程序的研究，发生在这个全周期之中。则空间设计的主要资源和成本之一是时间，设计的过程，也即“虚拟的建造的过程”，其中有“虚拟时间”和“绝对时间”的分别；试错的过程正是在虚拟的建造时间中工作，绝对时间资源的配置和有效利用的水平，则受到设计系统内部的管理能力的制约；设计及其管理之于建造的存在，所以有金融之于实物生产的意义之经济伦理。

设计的复杂究于建造的复杂，建造的复杂源于社会的发展，为具体建造的工程意义的设计不可以抽象地研究，总是包含循证设计的三方面因素。

技术性和理想的，设计对建造的预见是对建造信息的管理，通过设计使建造的信息的流动最大程度的有序化；而从设计到建造施工之间发生的信息转换流失，也需要有方法涵养设计的技术价值。

循证设计使每一次设计是具体的建造研究，却不是无休止地探讨，建造逻辑是最终的判别标准，简化为由具体的建造工程目标决定最后的方案判断和判断的时刻。无论如何，设计之可建造性是根本的，建造为得到可靠的空间，也是最终物质性的。

### 1.2.1 形式的传统

在信息水平上，设计全生命周期的输出端，是建造的输入端；设计的操作对象和成果之“非物质的”形态的信息，使建筑物在设计中表现为各种图形化的“形式”，这已是建筑学多年的工作传统；而这种以形式为对象、方法和成果的设计传统，是传统建造目标所决定的，尤其在图纸媒介形成以后，“形式的意义”更加扩大，甚至超出建筑的原初意义。

实践如此，理论也同样。应当看到，学科传统中的某些形式和内容，是在建筑学相对停滞的时期形成的，如有关建筑史的解说仍带有艺术史的积习，建筑批评中对建筑的文化要求，对建筑现象形而上的讨论多是非物质的倾向，潜在的意思是建筑物的性能只能如此而别无可求，建筑学所以也是（只剩下）美学；尽管文化是一个具有道德优势的命题，但剥离了因果之后，建筑的文化传统被简化为造型的形式。

形式传统的一个极端化是表现图现象，但是，表现图并不具备建造信息维数的意义。表现图不是设计成果的必要组成，现代表现图在中国，是商业化和业主或政府官员干预的产物，也是建筑文化在社会上极度缺乏的明证之一，更是建筑数字化的畸变现象。

实际上，在形式的传统中，在建筑专业自身的交流水平上，所有的图纸都有表现性，表现图只是设计的形式解说中的修辞部分；而形式及历史所形成的造型风格，在有限的建造目标下，一定时期内，也具有其内在的合理性。

无论形而上的理论如何，建筑物是有形的，是物质性的“形”本身，设计也通过形式的操作而展开，而形式的基本意义是图形的比例尺度固化了行为对空间的要求，在古典的立面风格之外，平面成为现代建筑的内在风格。

如由利兹发明的旅馆体系，标准客房有世界范围的一致性。甚至在中国当代，城镇住宅的设计已经变成户型的推敲，户型平面的推演又有算术操作的意味。当住宅被简化为户型，买房子的同时买的是居住方式，大众的生活已经被形式规定，并且可以回溯为某一些人的意志，“强制性”的建筑生产大大地强于用户自主的意愿。

以循证设计的观念设问，单纯形式操作下的户型设计中有多少统计依据？在新的建造目标定义不清楚时，形式便成为学科储备不足时的“马太效应”，作为一种行业保护性的心理，失却的是建筑学本源的“设计”的意义，而建筑设计的形式操作的危机，迟早会被全体业主了解。

形式操作的时候，人是几何的，也即主要是形式的；建筑物之物质性空间围合也是形式化的可见领域。但是，当代建筑设计的综合性质要求在设计研究中确定各种影响因素的权重比例，重要的是空间全面品质对人体肉身舒适性的可靠保障，岂一形式了得。无论艺术家、政治家或社会学家对建筑形式和城市形态有怎样的社会理想，人类的生存首先需要有可持续的基本环境。

### 1.2.2 工具的维数

讨论传统设计的发生方式，是对设计本身的理解。设计通过工具与目标相联系，目标与工具也互相影响和制约；目标与工具亦共同发展，工具在维数上趋近于目标。

传统的工具是几何的和材质的（如机械扳手），其中有尺度的部分是相对抽象的工具，通过建立共同的标准，固化了有限的规则，限定了设计结果的形态，并隐含数字化的雏形。设计过程的工艺要求也决定了各工具使用的时序，古典手工工具的集成度相对较低，仍是自成系统的。

如尺规作图时，丁字尺不能独立存在，总是与图板相联系，图板作为世界或场地的简化，当直角正交系统成为主流时，其中隐含“线性的”世界观。美术技巧是主要的设计和制图技能（理论便受到美术史的影响），朴素的目标使设计过程简化为对形式的操作，并形成制图的传统，环境与建筑物的维数跌落为总平面、平面、剖面、立面、详图等一系列二维图纸。二维图纸作为设计对象的指代有其合理的意义，但图纸通常只被当成设计结果而忽略其工具价值。

设计过程中的图纸为发展设计，已是设计思维的组织工具。图示是如何产生的？尤其是第一位画图者的心理，在没有专业形成、没有专业训练背景的前提下，如何让第二个人明白？

图纸作为专业沟通的方式，如象形文字与直觉形象思维相联系，是可以简单识别的直观图形语言。二维平面图中的墙线作为有指代意义的图形元素，就是二维空间中“建筑物”的墙体。而建筑物是三维中的实物，用一系列二维信息模拟三维空间，读图是一个空间的加工过程，设计是虚拟的建造。

一般容易认为数字化工具是三维空间的系统，但如 3d MAX 等大而全的模型工具，实践中只有渲染表现图的价值，最终的维数仍是跌落的。尽管使用三维工具后传统设计概念的术语将有所转换，如平面转换为功能，剖面转换为空间，立面转换为形体，总图转换为环境，甚至意味着图纸作为设计成果可能被超越，图形操作的方法作为工具也仍是有效的。如尽管BIM之Revit不是面向制图，却不拒绝在二维工作，每一次回到二维的操作，是对三维空间做必要的拆解，以隔离无关数据或信息；Revit的三维造型和视图管理能力与Sketch Up约等同，但包括更多后续工作的信息，才是BIM使建造的信息维数更加完备的意义；使用BIM及其扩展工具的设计将不再有施工图设计的问题，只有面向建造的设计；工具的发展不是从二维到三维，而是超越单纯几何的三维空间的。

传统工具的不可预见性相对有限；数字工具对设计有更大挑战，从平面面积的推敲拓展为对"空间量"的研究，平面和剖面同时为CFD的固化形式。为绿色建筑机能的时间维动态工具，基于形式研究形式中的"无形"运动机制，体现了建造目标对设计的新要求，并且循证在这个过程中将既是判断的也是选择的。

### 1.2.3 Vitruvius的误读

如此，设计工具有两大分野，为建筑物本身的物质性和几何性质的设计，包括结构分析和空间规划；为建筑物内部的能量性和时间因素的设计，包括节能设计和空气质量；这样对设计工具类型的简单划分，也大致与环境行为学和环境控制学相对应，并刺激对建筑物及其空间意义的多方面理解，即建筑中的"虚实"二义。

在建筑设计过程中对虚实的关注，也一直是二义同在，时有易变逡巡。设计是用对"实"的操作，做"虚"中的功用，如在平面（剖面）图中的墙体（楼板）线，既是墙（板）本身同时也定义了空间（所谓空间是互相存在的）；其中为物质的实体形式的布局及其内部的力学的研究是实的部分；平面中空间的功能设计结合剖面中CFD的固化，即形式所引导的空间内容物品质、为建筑机能的形式设计是虚的部分。

搁置了时间因素时，建筑物的这种虚实二元属性更像中式的传统观念，尤其是建筑虚实的"同时"发生意味着虚实是不可独立分割存在的（太极阴阳）；便似乎与维特鲁威2000年前的建筑三要素说发生矛盾。

东京大学的建筑史家铃木博之教授却证明了"坚固、实用和美观"之"坚固"是"耐久"的误译。

在这样的前提下，则"美观、实用和耐久"也不再是三元，而是二元，这里的二元即为“空间”和“时间”，其中的关系实际上是一个“二元N次方程”的函数，并且知道建筑现象具有内在的“非线性”特质(而不是现在才被发明)。

如此建筑同其各属性要素的关系可以表达为

$Architecture \Rightarrow S^2+S\cdot T^n$，其中T为时间；S为空间，包括实（Solid）和虚（Void）两个对偶延涵。

美观和实用表现为空间虚实两方面。实虚的关联不是简单线性叠加的，式中$S^2$的乘幂也只是一个（猜想的）“代数表达法”。进一步地，S或者可以表达为$S_S$和$S_V$，即

$$A \Rightarrow S_S\cdot S_V+S\cdot T^n,$$

S在这里特指“建筑空间”，被“实”出来的虚空，否则虚无的只是“天然空地”。

古典的建筑学主要集中于空间因素诸方面，更有时是“有关实体构成的风格”，而从建造目的上说，空间和构筑体也是互相存在的。“耐久”是时间上的概念，相对时间也不能独立存在，即耐久是有主体的。当空间中有“运动行为”时，即当场所的转换“被观察”到时，时间的现象可以被自主地体验，无论是人的动静、光的明暗或风的行止，与运动行为相伴随的是“能量的消耗”。当质量在三维空间中穿过，与时间和长度相关，即$M(S_S)\cdot L(S_V)\cdot T^n$，却正是能量的物理量纲。在某种程度上，这是当代建筑学的重要目标，绿色建筑的研究即是以能量为其目标之一。绿色建筑如此有其直觉的历史渊源，建筑绿色性的概念也一直隐藏在建筑学形式的传统之中。

## 1.3 整合研究

建筑虚实之不可分割，现代的文本表达法是“整合”。Integrate被译作“整合”之后，汉字“整”的意义凸显出来。“整”的本意是将各种要素集约起来（束），建立起定位合理的、完形的（正）空间系统，并且这种系统的原则及其建立的过程又是逻辑的、有肌理的和可传达的（文），正是“整”（正束文）的字形表意。

在某种程度上，整合的目标为处理有效建造信息之间的关联，进而形成有机的和高效的系统。整合与数字化工具系统便有着天然的联系，数字

化与整合也互相存在。

建筑学中“整合”的基本哲学观是结构主义的。依据对现实的先验结构性认识，无论建造时的自觉意识如何，生活所要求的“实与虚”“物质与能量”是“同时地”和“整合地”存在于建成环境之中的，或者说建成的建筑物是各种建造目标和建造技术的“强制性”综合体。而建成系统的整合水平也作为判断设计优劣的客观标准之一，整合不足的设计方案建成之后，虚与实之间总会有一方面是被无奈地放弃的，或者需要在运行中作适应性改造。建成后的能够改造，不仅意味对设计不足的判断，潜在的事实是，建筑物系统自身具有整合之于“客观上”的存在性，从而使设计整合之于“主观上”的愿望具备实践上的合理性。

设计与建造的最终目标是得到一种整体的、有机的、运行良好的建筑产品，即整合的本意中有对建造目标内在品质的要求。

基于建造环境中的各种人文因素和物质储备等初始条件，经由系统性的性能优化的设计行为，其所获得的整合的结果，外部的环境是“友好的”，内部的系统是有机的，而“有机的”即建成系统之内在的客观逻辑的良好显现。基于建造逻辑的观察方法，一个“好的”“设计-建造”个案，是设计的体系逻辑与其模拟目标之内在逻辑之间的充分拟合。因而“建造整合”的实践意义，意味着从设计开始的、基于各种限制条件下的、诸建造要素（包括目标、技术、经济和时间因素等）之间的“人为的”和谐配置，这是一种主动的理性行为，即“整合”，既定义一种建筑产品“品质”，也是一种“设计-建造”的观念和方法。

实际上，将人整合于空间中，将社会关系固化到基本的空间形态中，是建筑学基本目的之一，整合所以正是设计的最实质性的行为；设计之作为建造的虚拟过程，也是通过整合各种建造信息以形成有机系统的方式而进行和最终完成。与循证设计一样，整合的行为也一向存在于传统设计的一般过程中，如作为设计者艺能水准的“感觉”正是一种整合的能力，现在需要的是将整合显化为可传达的“操作规程”。整合的概念与循证设计的观念也是互相耦合的，设计证据是基于大量信息的背景而存在，证据转化为技术措施后也不是孤立地使用，必须在整合的前提下系统地运用。

建筑学的整合方兴未艾，不是因为建筑学已经发展完善，到了可以结集成经、皆大欢喜的境界，而是建造实践的发展所提出的要求，整合为建立合乎客观实践的学术与行业体系。

### 1.3.1 整合的层级

“整合”却不可停留于望文生义。简单地望文生义容易造成对“整合、数字化、绿色建筑、循证设计”等概念的从字面意义出发的浅表性理解，在直觉地接受或者定位其在既有体系中的“道德价值”以后，忽视其中对未来发展的积极的实践意义。

整合不是各种技术要素的简单叠加，对整合的研究也具有不同的层级水平，即“整合”之作为一种专业性学术研究，包括建筑学科之系统与知识整合、建筑设计之技术与过程整合以及建筑教育之体系与教学法整合等不同层面的工作。

整合集中体现为建筑学的系统思想。现代建筑学在数字工具和绿色目标的双重冲击下，不免有理论的混乱和实践不足的“危机”。研究者不能够回避恐慌心理的存在。整合的“系统思想”是解决问题的方剂之一，与循证设计的意义一样，整合不是限于单一的设计方法论的范畴；而循证设计诸要素一体的整合视野和意识，也刺激对建筑学全面状况的考察，便知道在当代实践更经常先于理论。

建筑学在不同的历史时期有其主流的、相对稳定的构成形态，表现为历史中的建造逻辑和价值观下的历史、知识、原理、方法、理论、思想以及相关派生的命题之内容和关联。

方今之时，宏观上，为“建筑学科之体系结构与知识构成”的整合研究，在“宜居”的总目标下，解缔学科既有体系，重建学术地图，明确学术研究中所做事情在体系中的位置，建立对未知领域探索的出发点，提出亟待解决的关键命题，破除专业壁垒，拟合建筑学传统与相关新技术及其一系列新观念的接口，建立信息社会的建筑观和价值观，是时代所要求理论家的工作。

整合后的理论体系是开放性的，这个开放性既是实践对理论的尊重和期待，也是理论对实践的观察和预见，是理论的价值和尊严。而这种被要求的工作本身，正是需要解决的问题。

微观上，作为一种方法，整合就是对设计的研究。“建筑设计之技术与过程”的整合研究，包括“建筑物系统”“设计过程”和“项目组织”的整合等项子层级。

“项目组织”的整合研究是在“建筑物全生命周期”概念下，探讨“设计的全生命周期”问题，结合建筑师职能转变的研究，更指设计过程中专业分工的重组和组织时序的控制，最终可固化为某设计机构的组织框架和管理机制。项目组织的研究既是理性的要求也是建造目标改变的结果，当设计与建造相联系的时候，绿色建筑不只建筑设计专业独家事，建筑师专业的组织力渗透到设计周期的全过程之中，如电影导演或乐队指挥。设计文件本身的组织也将有适应性变化，建筑设计专业的技术含量也会更真实，并可更少地流失。整合后的模块化系统，设计组织大于个人，如有效的信息管理系统，不因为某个部件的替换，对效率和质量产生大的负面影响。

### 1.3.2 整合与数字化——智力节约

在“客观上的存在性”和“主观上的合理性”之外，整合在“行为上的可能性”有数字化工具的保障，仍在BIM和BLM之“信息”和“管理”的基本概念下，包括“空间设计”与“过程管理”两大工具系统。在建筑学学科系统的层面，数字化的“建筑学大系”之建立，将是类似于“循证医学中心”的循证设计的信息网络系统。

随着对现实的观察和研究的深入，以及国内外CAAD软件商的商业运作等，我们知道，建筑数字工具是对建筑物、设计和建造过程的全面模拟。整合是一个大趋势。数字化对整合的贡献在于系统思维和工具集成，数字建筑中整合的直接意义，表现为“建筑物系统信息”及其相关的设计和管理功能，在工具系统中的一体化。所谓“数字化与整合的天然联系”，即数字工具是整合所需要的工具，同时整合也是数字工具的基本工作方式，反映在数字工具“工具维数、工具使用和工作内容”等方面。

对设计工具的认识，潜在地，是对设计及其对象的研究。整合作为现代设计的基本形态，由建造目标的品质所要求，则首先需要确定该目标的理性品质。数字化工具，如BIM系统，已经从建筑物形态构成出发，研究“建筑物系统”的整合品质。建筑物系统之各种子系统，如空间（平面）系统、围护系统、结构系统和设备系统，其所共同组成的“弱复杂系统”并不简单。

建筑物系统的整合层级是对建筑物解剖和生理的系统研究，以形成类型化标准BIM。

循证设计在数字时代背景中为绿色建筑而提出，必须在数字建筑的研究中说到建筑绿色性的问题，建筑物的“绿色性能”正是整合后的系统性有机品质。实际上，对于建筑设计的生产力意义，效率当由数字工具所保证，品质则为绿色目标所要求。所以建筑物的“绿色性”是“整合所为”之行业服务的产品的根本目标之一。

严格地，BLM 不是数字化的概念而有更多的生态学的“发生”价值。BLM 的管理含义包括时间上单向和平行的双重进程，并由设计工具的一体化影响到设计组织的重组。建筑物系统的任何子系统不是单独工作的，其整合的性能也不是在设计-建造过程中独立地形成的。各系统在建造中的完成次第表现为工艺的流程组织。在设计过程中，在单向的阶段内要求平行的多专业的协调工作。“设计过程”的整合研究便关系信息的流变和某个因素或专业进入流程的时序，甚至是分工后的专业重新整合。

整合后的建成物是有机的、逻辑的和系统的，整合之后的系统工具也是节约的。整合的工具体现为“设计-管理”一体化，包括对目标的拆解、时间的调度和专业的组织等，这等由知识的集成而发生的节约，节约的目标是学科中的分工，也即智力。

### 1.3.3 整合与拆解

作为“分析与综合”的变体，“设计过程”中的“拆解与整合”是同时存在并随时发生的，如哲学实践中有“一分为二”与“合二为一”的思想。设计整合之对建筑物复杂系统的处理，是以能够拆解为前提，而“能够拆解”为历史经验所支持，循证设计之证据获得，也要将案例拆解为具体的可传达的证据。

传统设计的表达法，将建筑物拆解为二维图纸，各种图纸之间数据的逻辑匹配最终反映为建成物的“强制性”客观集成水平。自觉的、整合的具体设计超出单纯形式的法则和直觉可视的经验，设计整合本身是“强技术性”工作，如管线综合或管网综合等系统整合性设计，有如从干细胞到组织发生和系统发育的“自发”过程，现在由设计者主导并由数字工具系统辅助完成（如 BIM 之 Revit 可以做建筑空间中各种设备管线碰撞的综合分析）。无论如何，整合作为品质，需要在设计过程中形成。

对“设计过程”的整合研究，便有“设计的全生命周期管理”（DLM，Design Lifecycle Management）的概念，与 BLM 相类似，并与“设计是虚拟的建造”意识相通感。DLM 的时间进程是双向的，有虚拟中反复“拆-合”的“相对时间”，则时间是设计的主要成本，其中包含不断循证的过程。

DLM 输出的结果需要是整合的，是设计的目标决定了设计是一种“整合”的行为，过程中却大量地表现为“拆解-整合”的“双向”反复，即拆解是恒常的，也正是设计之于物质性建造及其“绝对时间”的虚拟过程。

拆解或分析是科学的为认知目的的研究和观察方法，是与工程设计的以整合为目标的最典型差别；或者复杂科学是在目的性上超越传统科学，对复杂系统的研究潜在地有工程控制的输出性目标。

设计的研究性，首先将拆解作为工程设计预研究，通过循证渗透到 DLM 之策划和评价两端，策划书中的性能列表，如人的医学体检表；使用后评价的报告，如健康状态的诊断书。可以设想，未来设计事务所如医院一般，为甲方提供先验的项目列表和循证策划书，以便通过设计整合预先的拆解；而产品销售时为用户提供房屋的如汽车销售时的设备配置表和性能介绍书，以使用后评价为依据形成“建筑（住宅）产品使用说明书”，像家用电器一样。

整合是必须坚持的“现代设计观念”，因为绿色建筑必须是整合的。整合的时候，发现“建筑学的恐慌”，实践中拆解的积习大大地强于整合。但如果没有足够的拆解，整合只能是虚妄的，恐慌的正是整合的证据和方法之不足。与前辈研究者所不同的，当代学者研究工作的辛苦存在于为整合的努力之中。整合与循证之于实践中的耦合，是将设计-建造所遇到的问题和积累的办法具体地拆解出来，同时注意到运行的衍生信息大于设计阶段的预计；而拆解出的零散成果未经整合时，表现为信息的多元化。

## 1.4 信息现象

建筑整合的系统概念仍局限于对建筑物自身的系统性研究，完整的系统思想应包括“系统与环境”两方面。环境是系统的生存条件，系统是其子系统的外部环境。如果说“设计是信息的有序化”，则建筑设计的大环境，不只是生态意义的空间环境，更要包括信息时代的社会大背景。更一般性的“信息研究”，如信息的概念如何定义，“信息”是可数名词还是集合名词，信息在唯物或唯心之间的定位，信息是否有从发生到湮灭的生命周期，信息的技术哲学价值等，需要哲学家的理论工作，而可资建筑学处理的、建筑设计所需要的信息环境状况，才是建筑学所首先关心的。

对建筑物的基本构成描述、建筑全生命周期控制、建筑设计工具和过程组织等，皆有信息的存在，或者已经有数字工具可以在信息层面加以表达和处理，并且超越形式操作的简化水平；甚至有模拟方法研究数字人类在数字建筑中的“自主”行为（某种程度上，“空间句法”是这样）。在各种不断丰富（和必须不断挖掘的）技术资讯之外，“设计-建造”更需要大量人文信息的支持，建筑设计需要多元化的信息，但是正是多元化和超链接造成信息的超冗余，并更加使时间成为最紧缺的生命资源。

数字化促使信息进一步“显性化”，并大量地、多头地生产。例如时髦的微博，参与制造海量的、瞬时的、碎片化的、难以追溯其来源的信息。这是“自由信息”的寒武纪，各种信息从产生时刻起便在准备接受时间的汰换。

信息原不是为信息本身而发生的。信息有潜在的相关目标的物化价值，如军事上情报的作用。对于建筑学，有效的、积极的信息为设计和管理提供预见性。

建筑现象原是最典型的物质文化。在可靠的和有效的技术信息层面，标题、文本和图像，数据、图表和图纸，代表建造信息的不同层级水平。当物质文化与文本文化相联系时，受到观察水平的影响，业内业外的自由话语也同时造成无关信息的冗余。信息对现实世界具有虚拟性。

当虚拟描述与现实逻辑拟合不足时，便有虚假信息，即数字化同时带来信息的无序化。与大量产生和传播信息的现象相联系的，是仍然缺乏的或难以甄别的有效信息。它们无奈地淹没在信息的背景噪声之中。但是，普通的网络检索难以保证有效条目的数量不是致命的问题，对无效的、虚假的或有害的信息的判别和隔离却是需要关注的重点，如病理研究。

无论欢呼或恐惧，数字时代已不可逆转。世界在被数字化；信息在广泛传播，信息也在多元发展。信息世界几乎已经独立地、平行地存在于人间了。信息世界的“自觉秩序”的整合，在未来将是艰巨的社会工程。信息时代的背景是建筑学循证设计提出及存在的最根本的原因。

### 1.4.1 数字化的世界——虚拟“类空间”

信息以数字形态存储、传输、处理和控制，从而使各类传统职业形成新的价值表达媒介和目标题材。数字化已构成信息时代的主要表征。人在数字化，世界在数字化，建筑数字化只是信息时代的表象之一。对建筑数字化现象的理解，也要放在信息时代的背景中讨论。

世界在全面数字化。这是又一个新的“创世纪”。人类在按照自己对世界的了解，创造一个“全新的世界”。

这个世界不占据人类生存的物理空间而是占据人类“虚拟的”空间，虚拟中有对“数字生命”的设计，包括“生命的发生”和“行为的逻辑”，并可预见“数字社会”的研究。

这个数字世界并不神秘，同样有“色声香味触法”。当个人的生日籍贯、健康状况、牙齿数据、驾驶执照、银行账户、信用记录等信息，都能够被数字化地写入塑料卡中或植入手指上的生物芯片以后，每个人都将在数字世界中找到自己的数字化身。

世界的数字化进化是“结构性的”，数字世界中已经有了形态。这个世界的造物主是人类。

人类一直在这样做，现在接近成功。比如人类很早以前就发明了货币，即在某个时代中公共认同的价值观下的数量化的财富。人类财富的一般经济学意义是有用的、有价值的实物，是交换的原则使货币成为影子或虚拟的财富。这个“交换规则”很重要，即在虚拟价值与实物财富之间存在对应关系并可以直接转化。所以有人抢劫银行，间接地获得财富并节省人生的劳作时间。现在货币已经逐渐数字化，也即更接近货币自身的本真形态了。

货币也使人互相交流和印证，从而产生金融学并影响到价值观的变化，而今物质世界中的价值观也在“数量化”并“数字化”，从而使信息成为价值，并使信息的“组织结构”和信息的“流变控制”也具有某种价值管理的生产力意义。数字建筑诸般亦复如是。

在数字世界不断进化的过程中，建筑物、建筑设计、建筑师和建筑学表现出不同程度的数字化水平，并使各自不可数字化的成分充分显现。建筑物的空间构成通过设计过程首先成为可视化的几何信息，不妨说当今世界人类“现实空间”中的建筑，是从“硬盘空间”中的数字集合中“物化”出来的，这已经是当代建筑师的基本工作方式。建筑学理论对数字世界的发展也不是完全被动的，如 Parti 的理念，在建筑学科中少为人知反被用如网页的设计。模式语言的概念尽管没有被建筑设计实践完全接纳，却为软件学科所借鉴而发展出“模块设计”思想，多少有些讽刺意味。

这是抽象的空间概念在学科之间的通感，寻常的建筑师反倒容易被虚拟空间或虚拟现实的抽象性迷惑。数字虚拟的是“类空间”，以信息的方式在时间上描述、规定和操作的非物质性几何空间；经数字压缩的空间需要在时间中通过能量而展开。

### 1.4.2 被驱动的信息

在虚拟“类空间”的静态描述之外，信息中更有时间因素。信息的价值时效性只是其一。更加重要的是，信息是经过存取和传输的，信息是有源头并需要展开的，即信息有发生的主体，经传播途径而被占有并可能成为某种价值，类似于传染病的三要素——传染源、传染途径和易感人群。

循证设计关于空间建造证据的研究，基于信息的广泛存在，更关心信息运动机制。一般地，对于信息现象的研究，需要关注信息的发生、信息的流变、信息的交换以及交换规则与价值标准等。

数字信息是被注入能量的信息。随着信息技术的发展，信息有了新的存储媒介，可以在电子水平上占用少量介质而海量地记忆，彻底摆脱了结绳、象形、书写甚至机械的限制。并且与机械印刷术的间歇性人力传播的方式不同，数字信息以网络化获得了持续的、非人力的能量支持，使信息的发生由记忆存储转向以传播为目的。

数字信息是被电力驱动的信息，在这里可以清楚地看到工业时代的存在，正如数字工具研究有助于理解传统设计一样。数字信息在电力驱动下在网络中加速传播，在网络的各个节点上信息也自发地、海量地产生，信息具有了多发的、平行的源头。网络的缘起原为保存信息，但重要的仍是信息的提取，便需要能量；能量的输入更促动信息的传播，也即信息由静态的保存，变成动态的扩散；而多重的网络链接，扩大信息之间的关联水平，超出网络中的物理存在。信息即使不是“形而上的”，也至少是“形而外”所附加的属性。在某种程度上，信息世界“大于”物质世界的存在。

数字信息之多发的源头、多重的链接和多样的可能，在能量驱动下构成信息的多元化本性。数字化信息的动力学表达形式，以其最小能量的趋势，有限地物质化，消耗较少的物理空间和时间，由共享所获得的低廉经济成本。性能不断提高的网页浏览工具和实时交互的通讯方式，使数字信息通过网络节点、电视终端和移动电话，更加广泛地分布和廉价地占有。这是世界万物联系的全面数字化，也是现代生活的基本方式和内容，甚至引发自下至上的强制性民主化进程，所以被能量驱动的信息是真正具有社会意义的力量。对于建筑设计职业，多元的信息获取渠道和平等的信息占有权，使设计者能够方便地进入提供服务的领域“体验生活”，以了解服务对象的空间行为，建筑师甚至能够对航空母舰略知一二。但是，知情权的平等存在使建筑设计的业主也同样觉醒了，建筑师如何为能够设计航空母舰的人设计家宅？

设计-建造的现状作为一个对等（却不均衡）的制造产业，面对觉醒后的业主需要设计的社会性。信息的客观存在和传播网络，是循证设计的立论基础；而信息现象也为建筑学提示了信息的观察方法，作为建筑设计及其循证的基本认识出发点。

### 1.4.3 信息观察方法

随着对建筑数字化现象不断深入的探讨，所获得的成果却是对“经典建筑学”诸概念本身的重新认识，甚至重新定义，能够认识到其中有信息存在。而信息是可理论地或文本地探讨的最基本对象，理论尤其表现为对现实的虚拟，这是数字化带来的“观察方法”。

无论哲学家或者物理学家是否已经将时间、空间、物质、能量和信息作为生活世界的基本度量，从生活经验中我们知道，信息已经是一种世界存在的方式，也是感知世界的媒介。信息的概念一旦被接受，便再也摆脱不掉，成为基本的世界观和认识方法。进一步地，信息不只是客观存在和主观发展，也可成为专业的观察方法。

宽泛地使用信息一词，概念、逻辑和理论的“文本性”操作皆有信息加工意义，一般性便不足以完全说明特殊性的问题。

建筑学中，以信息为观察方法，则设计是一种基于建造意愿和初始条件的有关“建造信息”的管理和加工的事务，而建造是将设计所获得的“有序信息”物化的工程，如此经设计而无中生有的建筑空间尤其说明信息操作对现实的虚拟意义，并且能够知道，建造是在“形成环境”的同时在环境中“注入并固化信息”的过程，经过形变的物质材料所限定的人工空间是一种信息系统，从而有“以信息为导向的设计”（IOD，Information-oriented Design）的概念，作为“空间设计”和“城市设计”的一种目标并开发相关的设计方法和工具。

另一方面，由数字建筑既有的BIM术语可以扩展出“空间信息模型”（SIM，Space Information Model）的对偶概念，作为BIM的“补形”（实际上，BIM 只是建筑物的“物质构成信息”模型)，以整合对环境（实虚）的全面描述；“空间信息模型”与空间中的行为有关。

进一步地，便可以由“空间信息模型”的概念，探讨硬质空间所承载的“信息环境”的品质问题，并以拓展建筑数字化工具及其思想的应用领域。

同样是在“信息”观念的基本观察方法下，无处不在的、廉价的、横向的信息环境，必定影响到纵向的“历史观”的转变。历史由所能够掌握的历史信息构成，采用海量的信息存取技术。2000 年后如何看待现在的情形，将与现在看 2000 年前不再相同。

信息是“平行地”被能量展开的。在信息广泛存在的背景下，信息所构成的世界，如传统电影中的时空，历史是活着的随时的“影片”。历史永远在当下，他人永远在身边。建筑历史遗存所承载的信息与空间信息模型发生着类似的作用，建筑史观也将不再是线性的和断代的。历史经验（以形式为主）以及当代技术（以模拟为要）均表现为设计-建造的信息来源，其中隐含了具体的合理性依据。“信息的观察方法”是信息时代的建筑学的认识论，而“认识到信息的存在”则是循证设计的基础价值观。

## 1.5 循证设计

循证设计作为一种技术方法，只能在“数字化”的“信息世界”得以实现。

循证设计（EBD，Evidence-based Design)，基于证据的设计，借鉴循证医学的表述逻辑，可以描述为“慎重、准确和明智地应用当前所能获得的最好的研究依据，同时结合建筑师个人的专业技能和多年的工程设计经验，考虑到业主的价值和愿望，将三者完美地结合，制定出建筑的设计方案”。循证设计概念的三个要素揭示了设计发生过程中的信息复杂性，如何使无序的信息变成可靠的设计证据。循证设计关心设计乃至建造过程中的“信息流变”，信息流变正存在于“三要素”及其关联中。

具体的方案设计总是在学科发展的大背景中产生，而信息爆炸后经检索得到的超冗余的、无序的却又看似相关的信息，使人们不得喘息，不得不放弃或者盲从，设计中如何“应用当前所能获得的最好的研究依据”便显得极为重要。

传统的建筑工程设计模式和建筑师训练方法，使工程设计能力表现为个人化的专业技艺，技术水平、艺术修养被整合为设计者个人的“专业感觉”，作品之最终获得受到个人的健康与心理的制约，如何在设计的过程中既尊重设计者的专业判断，同时又能改善或发展设计者的专业感觉，从而减少设计作品的缺憾？

建筑设计中需要越来越多的技术成分，技术的客观性同建筑的存在状态直接相联系，而信息的爆炸性传播也使业主们“觉醒”，导致建筑的设计服务将更少有专业的神秘性，但一知半解的干预有时会变成事倍功半的干扰，对业主们做专业解释一向是令建筑师头痛的事情，需要发挥同业的社会力量，从尊重建筑的内在规律开始，令建筑师的专业尊严获得更广泛的社会认同，从而使“业主的价值和愿望”得到合乎逻辑的达成；如此是循证设计三要素的最直接拆解。

在数字化信息时代的背景中提出“循证设计”的概念，建筑的设计将不是一个孤立的行业，而是由信息的数字化使“设计”表现为一种“建造信息管理的行为”，并且在 BLM 这样广义的生态建筑观念之下，设计的结果是对“建筑全生命周期”的全面预见。这将是一种理性的预见，关乎物质的生产过程的和谐和最终形态的可靠，从而要求理性的依据和方法，要求在信息（观察与控制）水平上的建筑数字化。

循证设计，基于建筑设计信息资源建设与管理的建筑设计，对建筑全寿命周期全面预见的设计，如果作为设计产业的运行机制为时尚早，则在信息数字化水平上对设计的价值观和发生模式的研究应当开始受到关注。在信息数字化和网络化技术支持下，提出“循证设计”的理念，并通过“循证设计体系”的建立，完成对传统建筑学整合并改造的过程，将是数字化之于建筑学发展的新趋势；EBAD 将是 CAAD 的延伸，“循证设计”是建筑学科之数字化的终极目标。

## 1.6 本章结语

任何文本的叙事，总会有未尽事宜。

本章“数字建筑诸问题”，不是一个综述，不再讨论某些浅表性问题，不是描述晚近的 CAAD 发展史，对 BIM 和 BLM 也作为有共识的寻常概念而尽量无多赘述。

重要的仍是提出问题，并在“信息的水平上”，考察建筑数字化的现象，剥离掉“存在现象”的表面，回溯其间的“发生过程”，理解数字工具（Digital Tool）之能动的意义，建立在数字工具、工具制造者、工具使用者和工作目标之间恰当的伦理联系，尤指当以物质性建造过程及建成物品质为基本目标时，信息本身的价值以及数字化对信息的意义。从而知道，数字工具就是工具，或者严格地，“数字化”是设计工具系统在“设计是虚拟建造”的信息操作的观念下的“理性水平”。

### 1.6.1 数字建筑（一）

世界范围的数字化表现出软件产业、软件文化的强大生命力和先进文化的强制性力量。“软件世界”的存在，使以前用在别处的、剩余的或者索性蛰伏的智力，现在找到宣泄的出口，叫作自发的创造力，是“理性”之创造新世界的力量。

数字化对于建筑学科的意义，有助于凸显学科中“理性”的存在及其未来价值。经过多年的努力，基于“建筑信息模型”思想的商业化数字工具的成功，当是一个非常重要的进展。但是，“建筑全生命周期”的概念，才是数字建筑进一步研究时的基本视野。建筑全生命周期的概念甚至应当成为建筑师对建筑现象的基本认知之一。

“建筑物全生命周期”（BLM，Building Lifecycle Management）的完整意义，是“建筑物全生命周期管理”，其中包括人力、物力和智力组织的多条相关的、并行始终的线索，并可简化描述为策划、设计研究、建造、运行、改造以及回收的各个阶段，一种由历史形成的并符合发生逻辑的理性过程。为数字工具系统自身的逻辑完备，需要对设计过程及其对象的深入研究，以完成工具与建筑全生命周期的逻辑对应，这当是建筑数字化工具研发的基本的和主体的思想。

数字化这样刺激对建筑学和建筑设计的“基本原则”和“基本问题”的理解，则在软件工具的运用层面，在装备和使用了数字化设计工具以后，设计的主要目标却仍停留在“造型和空间”研究的水平，不只是对新工具潜在性能的浪费，更是对设计（品质）观念认识的滞后，需要充分认识数字工具在全周期信息管理上的能力。

关于数字建筑的“问题集”，检验“工具的研究”对现实的敏感，以及对建筑学、建筑物和建筑设计之本质问题的理解水平。

欧洲 CAAD 教育与研究协会（eCAADe）2010 年国际会议的议题“设计工具开发，新设计概念与策略，生成式与参数化设计，仿真、可视化、预见与评价，批量定制，为构造和产品的工具，协同设计，虚拟现实，城市建模，人机交互，信息或知识的建筑学，设计理论”等以及亚洲 CAAD 协会第十六届国际会议（CAADRIA 2011）的专题“智能与自动化设计，计算式设计分析，虚拟与交互环境，普遍存在的计算，电脑支持下的设计协作，设计认知，数字艺术与新媒体，设计教育的计算机化研究，设计实践的计算机化研究，交叉学科的计算机化设计研究，计算机化设计研究的理论、哲学和方法论”中既有传统的命题，也有新鲜的问题，尽管更多的仍是局域性的研究，但无论如何，总有基于不同训练背景下的课题，以及自主的相关数字化的建筑学研究。假以时日，它们必能极大地丰富建筑数字化工具的货架，令人欣慰。其中 eCAADe 会议“信息或知识的建筑学”的议题，或许与“循证设计”的概念有相关之处。“循证”正是基于信息的广泛存在才有意义。

### 1.6.2 绿色建筑（一）

数字建筑，不可避免地将与绿色建筑联系在一起，即使建筑师不要求，“闲散的”创造力也一定会找上门来。数字建筑诸元素回答了“如何做”的问题。但是，终究会是“做什么”决定“如何做”，并且为了做得好，通常需要发明新工具。

传统的 CAAD 是面向形式的。绿色建筑却不是“形式主义”的，也不再讨论“形式追随”的命题。形式是不是设计的第一目标，不是这里关心的问题。如果一定要说明，则绿色建筑不是“功能主义”的，而是“性能主义”的，其中包括“建筑空间功能”和“建筑物机能”，便对数字建筑技术提出了新的要求。

形式及其法则仍然存在。即使形式的体系需要承载内在机能的要求，绿色建筑也不意味着任何作为模拟计算结果的“丑房子”。绿色建筑之空间-机能的“冗余度”，即在“人需要的空间”与“风需要的空间”之间的相容部分，如何满足精神文化和道德意志的要求，仍是建筑设计的人文价值之所在。

对“数字工具”与“绿色目标”之间的相互关系的理解，其中潜在的观念是以为建筑的“绿色性目标”比“数字化工具”的问题更加具有行业的战略意义，并提示了建筑学研究者对“数字化工具及其设计思想”的研究以绿色建筑的目标为本。

### 1.6.3 循证设计（一）

在中国，有关建筑“循证设计”的研究，从概念的直觉意识到问题的正式提出，是源于对建筑数字化问题的观察。观察的结果，结合对传统建筑学及其实践的回顾，却得到“传统 CAAD 必将终结”的结论。而一味地强调传统建筑学之“形式美学”的设计主旨和方法，不免以偏概全。对传统建筑学与传统 CAAD 之“传统”的提法，也不是一个严格的和有文本共识的学术性术语，并且现在也难以确定“传统”所存在的相对时段。但是“传统”的字样，确已存在于某些日常学术讨论的交流语汇之中，或可以成为“现代设计史”研究的命题。而能够明确的含义是，“传统 CAAD”在本章中指 30 年来面向制图和造型设计的“辅助设计软件”，实际上也代表着软件开发对建筑设计的主流工作状态的理解程度。

在这样的情况下，循证设计容易被认为是“基于数字化工具的设计方法论”的研究。但实际上，循证设计研究的目的之一，不只是设计方法应对数字工具的转变，而是在“大信息”背景下，基于证据的设计价值观及其方法的研究，其所获得的证据集合也将丰富学科本身的构架。循证设计如果有方法论的成分，也是“面向对象的”（软件学科术语）设计方法论，不再是囿于个人化的“传统”方法论研究，而是在“设计的社会化”方向上的拓展。

数字工具及信息网络资源毕竟对传统设计行为产生深刻影响。在工具使用的层面，循证设计的三要素之一，“结合建筑师的个人专业技能和多年工程设计经验”，需要延展出“恰当地使用设计工具并对设计结果作出工具影响之外的客观判断”的含义，并必然要求建筑师对设计结论提供可靠的证据，如结构或设备专业的计算书。循证设计不只是“方法论”的过程研究，最终的“宜居”品质当是循证设计所孜孜以求的，终究是目标决定方法的选择。

应用的需求一直在商业地支持软件研究的进步。以推进学科的发展为基本前提，以满足社会的需求为最终目的，建筑数字化的过程不可逆转。任何一个时代中人类为建造的活动，都受到内在的建造逻辑的支配。建筑设计的数字技术与建筑建造的生态策略，将构成为新的建造逻辑中物质性的方法和目的。当下的建筑数字化只是趋于完成诸如设计的手段、过程及成果表达的现代化，并不能直接满足建造品质的全部要求。必须使数字技术不脱离绿色观念，在循证设计的理念和行为下，极大地发挥人力、物力和智力的效力，从而共同完成理性的、精致的优良营造。这是建造业对社会和谐的贡献和职责。

# 2 目标：绿色建筑诸问题

循证设计作为一种工作方法，正是为绿色建筑及其相关产品的研发所准备的。

与建筑数字化类似，绿色建筑也是来自传统建筑学之外的“压迫”。在某种程度上，如果“数字建筑的手段”有“工具理性”的意义，则“绿色建筑的目标”有建筑学“价值理性”的成分。具有讽刺意味的是，绿色建筑为全社会发展所要求，却不为具体的建造者所理解，除开极少数先知先觉者外，整个建筑学界对绿色建筑的接受晚于对数字建筑的接纳，这是又一次“被迫的转向”，而这一次，是关乎行业目标的。

新目标给业界带来困惑。建筑绿色性目标（Vegetal Goal）的提出，让建筑学、建筑师和建筑学研究者，从意识上和职业行为上，承担太多的“社会责任”。实际上，绿色建筑是社会对建造的要求。在某种程度上，如20年前，某市政府要求设计院做欧洲古典风格的建筑设计一样。

但是，“建造是对宜居的研究”。宜居是当代建筑学的核心。为全社会提供时代所要求的空间产品，建筑师和规划师责无旁贷；换句话说，在“可持续的”总规下，必须做并且只能做具有“绿色性”的房子，以完成令“生态环境”不再恶化的行业贡献。这是整个社会在期望通过建筑师和规划师的职业工作，约束建造中无序的和局域性的意志，从而对全社会整体的未来负责。

问题却在于，即使建筑师整体的意愿是接受社会的要求，但是，谁能告诉我们，什么是“绿色的建筑”？

在各种理想化的描述中，如“可持续的”“生态的”“绿色的”等，哪一个才是需要建筑师做的？我们现在又能够做到什么？在建筑物的全生命周期中，在设计的全生命周期中，设计应该在哪里结束？是不是每次都能达到绿色性品质？每一次的绿色指标在具体的环境中又如何合理地设定？在有限的环境生态承载力的冗余之间，如何协调业主、用户和官员的投资意愿、经济能力和政绩目标？

必须说明，绿色建筑不是传统建筑学可承担的任务。即使是从单纯的设计或技术的层面说，绿色建筑不是“可设计解决的”问题，在绿色品质的要求下，需要整合更多的甚至全社会的因素。

尽管经过多年来的积累，应对绿色建筑设计（及其产品开发）的手段，如各种数字工具（Digital Tool），已经有了某些雏形，但整个学科为绿色建筑的目标，也仍然没有完全准备好，其中包括对建筑学、建筑物、建筑理论和建筑史的研究状态和学术储备。凡此种种却是循证设计所要求的设计发生的全部“学科背景”。而循证设计的概念之所以受到注意，也正是来自研究者在绿色建筑设计之研究与实践中的思虑。

必须跳出单纯的“绿色”问题的局域性，必须对建筑学自我设问。

## 2.1 人工科学

本节“作为人工科学的建筑学”，探讨建筑绿色性目标下“建筑学科”的问题。

“绿色建筑”的假说，是现代建筑学的试金石之一。绿色建筑发展缓慢的现实，折射出现代建筑学的困顿。整个社会需要重新审视传统建筑学的行为方式和建造的发生过程的问题。绿色建筑之为建筑学科的一种工程命题，建筑制造业也是典型的自然工程系统，现代建筑在其发生过程中已经演化成一种开放的、复杂的人工系统，而人工科学正是对复杂人工系统的研究，其观念与方法可资现代建筑学借鉴。

### 2.1.1 建筑学的工程命题

“绿色建筑”的概念进入中国快30年了，仍然发展缓慢。

倡导“绿色建筑”的观念是一回事，在实践中设计与建造“绿色建筑”则是另一回事，“绿色建筑”实际上仍然只是作为某种假说而存在。这是一种普遍的现象，对这种现象的一个明证，是一些主要国家为了发展“绿色建筑”，首先制定了“评估标准”，用以“检验”建成物的“绿色程度”。

“绿色建筑”发展缓慢的事实在一定程度上表明，现代建筑传统的“学科认同”“行为方式”和“建筑师职能”，限制了建筑学科自身的发展。

绿色性的设计仍处于“经验”阶段，概念、理论和实践都是困顿的。在某些潜在的观念中，无论甲方业主或设计者，“绿色建筑”的设计甚至是一种专门的、另类的工作，不免令人望而却步，只能坚持做“不绿色的”设计，或者“只会要求”不绿色的设计。

对绿色建筑的命题的探讨，不可避免地触及建筑学科的基本问题。

建筑学的形而上研究传统，其中文化的、美学的、社会学的和哲学的研究积习，使得对绿色建筑的讨论，近乎某种对“理想”的描述。但是，理想的积极意义，与主义的理想一样，重要的是其付诸实践的过程，从而在实践中研究具体的现实问题。实际上，美学、社会学和哲学自身的理论发展，需要面对现实中的文化问题。需要在社会实践中发现问题。无论如何，现实本身才是文化研究的依据。

文化尤其是建筑文化，产生于生活和劳动的积累；清谈的文化发生于生活有剩余的时候。绿色建筑的理想却因为“不足”被要求，建造原是由空间不足而发生。建筑学所积累的建造历史经验面对现实时也总是不足的。建筑学的研究不能以理论的不足而限制了理想的实践。绿色建筑的问题也不停留于道德和伦理的论证，绿色建筑的理想需要能够转化为工程技术的理性规则，建筑学科的实践的工程应用是建筑学本身的存在意义，绿色建筑之理想的意义首先是作为建筑学的“工程命题”。

#### 2.1.1.1 形式传统观念

“形式的研究”占据了传统建筑学的大部分意义。

传统的建筑设计通过材料的“组装”研究建筑的空间问题，包括对空间的使用和造型的处理，传习的一般方法是对形式的操作，形式也形成了历史“风格”，成为某种“语言”。可风格的语言如何能成为未来的预言，即使对新形式的创作旨在突破既有的风格，仍然没有摆脱“风格”的苑囿。激进的设计者便会视风格为某种羁绊。

但是，在形式的美学之外，历史风格中形式（造型）的“建造合理性”却一向被忽视，即在特定的建造目标下，在使用相关材料的前提下，

“风格”实际上保证了（形式蕴含了）建造的合理性和可能性。现代的技术性规范也有类似的意义。不妨说，现代建筑的“风格”存在于“平面”之中，并由行业的规范所规定，规范之中包含历史经验，如防火规范是把建筑空间中的时间因素转化为尺度的限定，即规范也是“形式的”，几乎是现代建筑物的一种“内在的风格”。

“风格”在形式上的合理性来自建造经验的积累，所以建筑技术的发展可以突破风格的形式限制。但是，形式的作用，作为一种“简化的设计依据”依然存在。在传统中，形式操作的设计方法也发挥了积极的作用，如工程设计常规中，构造的材料及其尺度有时隐含了热工计算的结果（如屋面保温构造），建筑设计方案中梁柱构件尺寸的预设是结构计算的（经验）常识，窗地比的规定有采光计算的前提，等等。

然而，综合性能下的建筑绿色性目标，不是单纯的建筑形式的问题，“绿色建筑”所要求的是建筑空间的“物理-生理”品质。对于建筑物的绿色性设计，从建筑物的建造全过程中被剥离出来的、相对独立的“设计系统、设计阶段和设计研究”，已经不足以解决“绿色建筑”的全部建造问题，也即传统中单纯“对形式的操作”已不足以全面保证建筑绿色性质的品质。如此也派生出对乡土建筑及其聚落的生态策略研究的目标之一，是需要对传统形式中所“固化的”学科智慧“知其所以然”。

如乡土建筑和原生聚落遗存所代表的，为空间的建造，延续了好几千年，建筑学也成为天然的不定义的学问和学科。

在当代，无论建造工程技术的进展如何，学科传统依然存在，后辈建筑师不自觉地继承前辈的职业行为，如城市住宅设计的主要工作已不经意间变成了集合住宅的户型研究。

现在“绿色建筑”的命题难免让人们困惑。换句话说，建筑设计专业的“绿色建筑”工作的现状是，尽管有仍然在不断修订的“绿色建筑评估体系”，建筑师却并不知道“绿色建筑”怎么设计，不知道“绿色建筑”如何系统地、常规地、形式化地设计，不知道如何保证“设计”的结果（某种形式化的空间）是“绿色的”。

#### 2.1.1.2 超越本能建造

“绿色建筑”是超越本能的建造。

在一定经济性的前提下，绿色建筑“可设计”之技术解决方案，最是建筑师所期待的。但是，作为一种工业产品，“绿色建筑”的设计和研究是不是现代建筑学传统意义上建筑师的工作职能所能完全承担的？实际上，“绿色建筑”作为一种全社会整体的建造目标，建筑-环境系统的“绿色性”建造不是建筑学的独家事。

现代建筑工程的设计早已经不是某建筑师个体的行为。

德国人托马斯·赫尔佐格教授的设计团队，便不似传统建筑设计院的专业分工。以奥地利“林茨设计中心项目”为例，除现场监理、结构工程师、室内设计师、景观建筑师、环境工程师、设备工程师、电气工程师、照明工程师之外，更包括日光模拟、能量模拟、流体模拟、风洞试验、可再生能源、自然通风、声学设计等许多专业的顾问和专家加入，而赫尔佐格本人作为建筑师却实际上承担如电影导演或乐队指挥的角色，其职能是为“绿色建筑”的建造实践。这已是 20 世纪 90 年代初的事情。

设计如此，研究也同样。“建筑的绿色性”最终是对建筑物运行品质的要求，并在建造过程中体现一系列“可持续性”和“生态”的原则，从而使绿色建筑的研究是具体的和活跃的，也即面向现实的工程项目的具体设计研究。

在确定绿色建筑的基本含义之后，绿色建筑设计的一般方法的概念相对容易探讨，“设计的整合”即是一种共识，但是在整合方法本身的研究之外，整合的对象和内容是什么？容易知道，重要和困难的，仍是“设计依据”的获得，依据则总是相对于具体问题的要求而言。

数字建筑方法可以在“设计-建造”全生命周期内研究设计问题，提供设计方案预后与使用后评价的数据处理；为绿色建筑整合的和运行的性能目标计，必然要求新材料的设计和生产，而不只是通过构造的方式使用材料；在要求并等待建材科技发展的同时，传统材料的精细构造设计、建造过程管理和建筑运行管理的完善，也是“绿色建筑”目标的要求；在为绿色建筑的整合体系中，“暖通设备学科”将发挥巨大的甚至决定性的作用，像“结构学科”在两百年来的成就，类似于“结构选型”而或可形成“基于温湿度控制的建筑空间选型（形式的空间含义之一）”的一般经验；“电气学科”将进一步完善智能建筑的设计建造方法；“景观专业”将为建筑周边的室外环境控制提供依据等；“建筑设备”的意义原是对被动性空间性能不足时的补充。

凡此种种，“绿色建筑”的研发，是全体建筑学、整体的建筑业共同的“工程命题”。实际上，建筑节能的研究和实施已经不是一个单纯“建筑学的问题”。

### 2.1.2 建筑学的工程属性

回归基本原理的时候，建筑学观念和行为中的“工程属性”仍是重要的。而且绿色建筑产品的研发，已经是一种系统性工程的要求。

2007年出版的《工程系统论》中很少以“建筑工程”为例说明工程系统的问题，但却提到“建造工程是最基本的工程，也是最典型的工程”[108]。事实是，对于社会整体来说，建筑或者空间是工具平台，而工具即中介，并非直接目的；“建筑的存在”之被忽略，在某种程度上，正是“空间被动性的成功”。但是，对建筑行业本身而言，尽管现代建筑的建造目标在改变，或者说是对建筑运行品质的要求更加精微，“建造”仍是最直接的不二目标。

在建筑学术研究的框架中，需要重视和展开“建筑工程系统论”的学术研究，从而在“专业教育系统”中系统地传播建筑学的理性成分。实际上，如果注意到相关的技术哲学研究（如《科学系统论》《技术系统论》），并以《工程系统论》为蓝本，完全可以建立《建筑工程系统论》的研究框架和一般性结论。

#### 2.1.2.1 工程系统观念

依据《工程系统论》的研究线索可知，建筑工程是最古老的自然工程系统之一，具有工程系统的一般属性，其中包括工程价值、工程技术、工程管理、工程科学和社会文化价值几个方面。

1. 工程价值

建筑工程系统具有多目标的综合价值。特定的价值原是任何工程系统的最基本导向。任何一项建筑工程都有其明确的和独立的价值目标，由建筑和城市所形成的人工环境与人类活动一一对应。在人类“食住衣行言”（拓展一点，衣食住行的排列是“后天”的观念，“言”是信息时代中被普遍认同的价值）的“工具系统”中，建筑和城市构成社会及历史的主要物质平台，从而使建筑工程的价值不可替代。

在现代工业化社会，如果以经济价值为前提，建筑工程系统具有生产力的价值。建筑和城市被新的历史条件所要求的绿色价值也是实现“可持续战略”的路由之一。

2. 工程技术

建造过程体现了多元技术层面的综合作用，包括设计、建材和施工等项。其中施工方案的设计和施工组织管理，都是具体的技术选择的过程；建材的制备和运输、设备的研发和生产也依赖于相关门类的工业技术。

建筑工程设计与城乡规划设计是高技术的，并不断与数字技术的发展相适应。

即使在传统的建筑学科中的观念下，建筑学是建筑现象研究和为建筑物设计的学问的总和。而为建筑物的工程设计过程，包括建筑设计、结构设计、设备设计和工程预算等一系列相关而独立的技术性专业，“绿色建筑”更要求在“工程系统”的观念之下，整合各个业已形成的相关学科，而整合本身也是系统性的、强技术性的工作，整合并可能形成新的设计组织形式甚至新的专业分工职能。同时，新的建造目标也促进新型技术的研发及其工程化。

3. 工程管理

价值目标决定工程系统的发生过程。建筑物在时间中存在，建造在时间中完成，建造的过程既有共时亦有历时的各种要素，在现代管理学和生态学的观念下，确立“建筑的全生命周期”概念。而 BLM 既是建筑的全生命周期的“管理”，也是建筑的全生命周期的“模型”；BIM 则既是建筑物信息的“模型”，也是建筑物信息的“管理”。同时项目管理（PM）、工程监理（CM）和设施管理（FM）均在“建筑的全生命周期”中发生阶段性作用，从而显示出“管理”的生产力性质。[29]

4. 工程科学

一般地，“现代工程是以科学为基础的工程”，基础科学需要通过工程技术转化为生产力。建筑工程总是个案的。工程的技术问题也是层出不穷的。成功的建筑物，符合当时所掌握的科学原理。个案中蕴含一般规律，工程实践可以发展出科学性的问题，甚至“工程学”本身已经是基础性的研究。

现在“绿色建筑”命题在建筑学科内带来更多基础问题的抽象研究，如材料设计、工程热物理和计算流体力学方法等。这也是“狭义的”循证设计所要求的。

5. 社会文化价值

在一定经济的和文化的社会文明水平之上，不妨说，“建造是哲学理念的实践”，建筑物是社会形态的固化。作为有经济价值的生产力的组成部分，建筑工程系统为社会活动提供稳定的平台与发展的前提。依唯物论的历史观，尽管各种“建成物”已经是具体的建筑工程之后的现象，目标却决定了对过程的选择。建造过程凝结了智力和体力的劳动，劳动的精华沉淀为文化，文化对后续的社会活动可发生持续的影响，如在一定历史背景下建筑设计的困难，其空间体系方案的选择，往往发生于“经济技术体系”之外，包括文化、艺术和情感。

像任何“自然工程系统”一样，建筑工程系统也存在着对社会和自然的某些“副作用”，也是“可持续”“生态”和“绿色”等概念提出的现实依据。

凡此种种，同时构成“建筑工程系统”的复杂性要素。

### 2.1.2.2 作为复杂系统

在建筑学的工程属性中，各个要素同时存在并且不断发生，决定了建筑工程系统是“开放的复杂系统”，依《工程系统论》所梳理的框架，在“系统要素”的复杂度之外，可以从“系统结构”和“系统环境”（也是对整合的研究所需要的“系统”与“环境”的视野）等不同方面，分别讨论建筑工程系统的复杂性问题。

建筑工程的“系统结构”包括知识结构、过程结构、信息结构以及价值结构，其中“信息结构”的复杂度是系统结构研究的核心问题。

现代建筑工程的成果的内在机制已经日愈繁复，技术集成度也愈来愈高，“绿色建筑”的品质目标进一步要求“技术选择的开放性”，而经济总是“选择”的最终的决定性力量。设计作为“虚拟工程系统”，其设计方案之“不是唯一结果”的复杂性，需要在“设计者的设计”和“意志者的意志”之间协调，宏观的管理的意义正在于系统复杂的现实和系统目标的要求之间的效率和质量均衡。

现代建筑并不是因此而更复杂。

所谓的“复杂”，不只是“时空的数据量”的增加，而是发生过程中信息流变的复杂度性质。“信息流变”之发生，以建筑工程系统的“历时性”为线索，在建筑物全生命周期内，从策划、设计、施工、使用后评价到运行管理和物质回收，其间所发生的信息碎片和信息回流，及其所表现出的随机性和不可预见性，仍然需要时间以进行充分研究，“信息水平上的建筑设计”也将是“循证的建筑学”的主要工作。

更一般地，《人工科学》中指出，“规则”是相对简单的，是“环境”的复杂使系统表现出多样性和复杂性，如生态环境中物种的多样性。

建筑工程的“系统环境”包括科技环境、文化环境、社会环境和自然环境等。

提出“可持续”“生态”和“绿色”等建筑学概念在一定程度上是因为现代建筑学对“自然环境”的研究不足。现有的建筑物和城市，其技术应对策略，对自然环境的复杂运动不够适应。而现实中的建造问题所不能脱离的社会文化意识，同样是系统的环境复杂因子之一，是建筑学之社会学和哲学研究的积极价值。

“建筑循证设计”的“三要素”背景，也正是基于建筑工程系统的“系统环境”而言，由此也可以看出，循证设计对设计的研究，不是局限于“设计系统”内部的，正是循证设计与以往“设计方法论”研究的区别之处。在设计过程中，建造系统的复杂性直接转化为“设计的复杂性”。循证设计则尤其关注设计发生时所基于的信息环境，对应于各种物质的和非物质的系统环境的子系统。

### 2.1.3 “发生的”建筑学

建筑工程系统是一种复杂人工系统。

任何一种事物，包括“人工事物”，具有“存在现象”和“发生过程”两方面。建筑物是人工物，是被发明出来的。现代建筑以理性的方式解决了结构及其材料的科学和工程问题，“理性”本身也是一种“人工行为”。

在现代社会，建筑工程系统已经是“先验的”现象。对于建筑学的未来发展，“绿色建筑”的命题是不可绕过的，当下正处于绿色建筑“发生”的过程之中，而“人工性和复杂性这两个论题，不可解脱地交织在一起”[49]。“人工科学”正是对复杂人工系统的认知与研究的方法之一，尤其是对于有“物质性”价值要求的人工系统。

#### 2.1.3.1 人工科学观念

假以时间和空间，我们可以说明，建筑物是被设计的，建造逻辑是被选择的，建筑的复杂系统是在适应性中被发明的；而建筑学的模拟原型是现实中的生态系统，正如“人工智能”对“中枢神经系统”所做事情的方式，建筑学也需要被“看作”人工科学。

“人工科学”由“人工智能”的研究而提出，但人工科学并不是“人工智能学”，也没有理由要求“人工科学”成为建筑学。人工科学对于人工系统现象的研究，在科学与技术之间，在科学发现与技术发明之间，在科学的方法与技术的目的之间，研究对象是“复杂系统”本身。

这里的“科学”和“技术”的概念，遵守科学哲学和技术哲学的定义，本书不再重复各种科学哲学中关于科学的解释性定义，也不是对《人工科学》的建筑学解读，但还是要避免如“生态建筑”的望文生义。

在人工科学里，“自然科学关心事物是怎样的”，“设计关心的是事物应当如何，关心的是设计出人工物以达到目标”，“人工物有模拟的目标”，从而人工科学的提出，一定程度解决了认识上的困惑，并由此对学科的行为方式发生影响。人工科学尤其关注设计方法的探讨。

在现代社会条件下，“设计”是“人工造物”的第一步，“人工科学”研究与设计有关的问题，旨在使设计之“理性的行为”超越“本能的行为”，包括对在行业传统中长时期形成的集体无意识的“本能”的研究。

“人工科学”在探讨“设计结果的满意与最优”问题之外，指出“设计的形态、设计过程的形态与设计过程的组织都是设计理论的不可缺少的要素”，提示建筑工程系统为新的建造目标而“重新构建设计组织或设计机构”，研究设计行业的新职能。

### 2.1.3.2 复杂系统观察

我们已经知道，“绿色建筑”不是传统建筑学专业独家事，而是整个建造工业的“工程命题”。每当发明人工物时，需要同时发明规则，如汽车工业与现代交通规则之间的关系。需要看到，当下绿色建筑的发展阶段，其相关的研发、建造和运行的“规则”正在被发明之中。

诸规则中，首先包括“对系统的认识”及其方法，而所谓“系统的复杂度”也总是相对于对系统信息的理解和处理能力而言。

建筑工程系统作为有效的人工系统，需要有组织的复杂系统。系统内部的知识和技术结构是选择的、他组织的和开放的。广义的建筑学突破学科传统的“静态”建筑观，其“系统环境”及“系统内部”动态存在的、发生的、构造的、层级的、他组织的、建设性的诸复杂性要素，需要有效的工具加以观察和控制。

把“人工科学”作为现代建筑学的一种标签，没有任何意义。建筑工程系统的“操作性行为”，其可能性、过程和品质的价值，大于任何理论解释。

说建筑工程之为人工系统，建筑学具有人工科学的性质，不是因为建筑物的发展历程所表现出的人造物的历史。如果仅从这一点上说，服装比建筑在材料上更脱离原始材料的形态而表现出人造物的特征；也不是因为有一个现成的人工科学的理论空筐，方便地拿来套装到建筑学既有的体系之上，简单地找到或攀附一个现代哲学理论的依据，而是人工科学的思想对现代建筑学的对象与方法的研究有所帮助。

以建筑学的专业背景看《人工科学》，几乎是在读一本另类的“建筑学系统大义”，尽管其中很少用到“建筑”和“建筑学”字样，甚至该书的作者在其书中关于建筑本身的解说，总有些外行人想当然的嫌疑；重要的是，“体系结构”是相类的。

建筑学的问题不能全赖哲学家解决。有一种“观察者的悖论”，即如果处于系统之外，对系统的观察是“不准确的”；另一方面，在系统之内的观察则是“不全面的”。但是，他山之石，可以攻玉。哲学的或者技术哲学的新观念，影响对学科的认识和行为。

对于建筑工程系统而言，作为“次一级”的应用学科，跟踪技术哲学的研究，实在是一种方便，以减少盲目行为所造成的智力和时间上的浪费，正是哲学的用处。

暂时剥离或搁置建筑学之“人文的复杂性”，建筑工程系统并非复杂到完全不可观察，系统控制有“能观性”和“能控性”的分别，“能观的”通常也是“能控的”。《人工科学》中提出“近可分解性”的观察方法和“系统层级”的系统构造分析，启发建筑学研究以学科自身的对象与方法为基本观察前提，重新认识学科的意义、学科的复杂系统要素、目标层级与系统结构。

### 2.1.4 本节结语——建筑史佯谬

建筑学面向全部的建造过程，为绿色建筑目标的实现，必须有一些人超出狭隘单一的专业视野，整合地、全行业地提出和处理问题。当代的建筑学，以继承传统建筑学中包括文化情感和艺术价值在内的人类建造智慧为前提，在建筑全生命周期观念下，整合专业理论与实践的成就，以“可持续发展”“生态”“绿色”等概念组成建造逻辑的基本价值观和物质性目标，并构成“人工科学”视野下的建造目标层级，从而展开对“系统升级”的研究。

人工性本身造就复杂性。系统是复杂的，但问题总要解决。“发生的”建筑学之作为人工科学，是指以“人工科学”作为建筑学科的一种观察视角和研究方法。

人工事物总是从无到有的。建筑物及其所构成的复杂系统，作为一种工业化的产品，需要被研究与被开发，建筑学的研究对象正在科学与技术之间，则建筑学的方法论因而具有现代“人工科学”的意义。

在本能之外，现代人类的许多活动都不是本源的，只有生存本身才是人类全部行为的依据和目的。从这个意义上说，现代社会所有的工业制造业都不是人类生存行为的原本属性和终极目的，而只是作为一些人——由职业而被分类的人——赖以生存的方式，从而具有行业的目的和社会的职能。这其中，在全部人类行为的文明成果中，建筑的存在——提供人类活动的基本空间支持系统——是最显著的和经常性的现象。

但是，建造业或建筑学本身的发育水平，在现代的制造业中却不是对等的，表现为认识与方法的现代性之不足。

一个极端的问题是，如果当下人类拥有除开建筑以外的一切文明成果——因为没有建筑并不等同于没有空间，而从现在开始因为某种原因，我们需要有“建筑物”这样一种存在，则“建筑学”会是什么面貌？换一种设问，如何是“汽车学”？

为了这样一个目标，现代人类的一个熟悉的、理性的方法选择，理所当然地，是运用现有的一切经济、管理、研发、制造以及美学和道德的成就和原则，以获得一系列“满意的”工业产品。

人类历史上不曾有过建筑？这个假设当然是荒谬的，建筑几乎是人类文明史中最不能被抽离的现象。但是，当下人类理想中，“可持续的”“生态的”“绿色的”建筑，的确是不曾存在的。

由这样的假设所得到的建筑学，没有过往积淀的负担，这里指没有因为历史的局限所带来的对该学科认识的积习，从而是具有当代科技观念的、有当代工业水准的、面向未来的全新的建筑学。

## 2.2 目标层级

本节“绿色建造实践的目标层级”探讨建筑绿色性目标下“建筑物”的问题。

当代建筑学话语中，“可持续的”“生态的”和“绿色的”概念，产生了几十年，尽管众说纷纭，却仍然莫衷一是。定义是含混的，实践是困顿的，问题也是紧迫的。“绿色建筑”有权威的描述性定义，其“节地、节材、节水、节能、保护环境”的目标，对应了“土壤、水体、空气、辐射”四大生态环境要素，包含了“可持续”“生态”或“绿色”各方面的问题，而概念的混乱也正产生在这里，建造实践便难以大规模地、批量化地展开。

“可持续”“生态”或“绿色”的概念，究竟应该有怎样的建筑学表述，从而指导实践？如果将问题放到建筑史中考察，首先能够注意到的是，建造的品质目标被改变了，为“新建造目标”的理论基础便亟待建构，并且由于建筑学的最终工程学属性，需要在把建筑作为生产力和工具平台的线索中，讨论建造实践的层级结构。而对于专业术语的定义，也不应浪费既有词汇所固化的概念价值（包括约定俗成所简化的成本），作为对文本和思维（空间和时间）的节约。

建筑学一般研究人与环境的关系，从而指导宜居环境的建造实践。广义的宜居环境包括自然环境和建筑环境。建筑环境是人工环境，建造的目标是为了获得“适宜的”人工环境。而“建造的过程”是一种复杂的人工系统的发生进程。当用人工科学的观念看待建筑学时，能够知道，复杂的人工系统有模拟的对象，模拟的发生过程中有“目标的层级”。建筑学研究对象之宜居环境，其“可模拟的原型”是人类历史中传统的自然生存环境中的“特定时空”。如果系统地观察与分析所研究的对象，尤其是在研究的次第上，则最终作为建造目标的“工程对象”也是有着内在层级的。在对既有词语的辨析中，如对“可持续”“生态”和“绿色”等概念进行深入的探讨，便可以发现其中所隐含的异同和次第，并通过转换提问的方式，转化问题的表述。这既是对问题本身的现实研究，也使之成为“建筑学的可操作性问题”。

在现代建造体系的工作目标之中，“可持续”“生态”和“绿色”诸概念，构成某种“类层级”的关系，即能够持续地“在时间上分配空间资源”，通过建造的行为“将环境中的时间因素在空间上整合”，而建筑物的运行则具有能量高效的“植物化机能”。其中建筑物“绿色机能”的概念，一方面，将建筑物的物质组成和空间构成作为统一的“建筑系统”，另一方面，重视建筑系统的“运行性能”，包括功能和机能。对建筑系统的“自身构成和运行机制”的研究，是当代建筑学为绿色建筑发展的当务之急。进一步来说，它是“绿色建筑产品”的“研发”，而不是简单的“设计”。

### 2.2.1 可持续性

“可持续性”概念的含义，是要求“一种在不减弱自然系统的健康发展和生产能力的基础之上，所能够满足人类需求的平衡”。美国建筑师学会将“可持续性”定义为，“将这个系统所赖以运转的诸重要资源，持续不断地运用至将来的一种社会能力”。在世界人口激增、石油能源需求增加、环境持续污染的年代中，“可持续”正迅速地成为当今世界“发展”的主题。

#### 2.2.1.1 生命道德问题

但是，“可持续性”仍是大疑问，是对未知的恐慌，其中隐含人类的过度集约的欲望和能量。

“可持续发展”观念为全人类的未来生存而计划，词语本身却并不直接意味着任何“建造工程”的概念，而是有着一种前瞻的“进化论”意义。而就人类发蒙以后对世界的观察，并没有证明生命进化的持续性发生，“退化”却是更常见的，甚至人类社会的“发展”是否存在“增长的极限”也曾经受到过争论。至少在当代我们所看到的各种“大力发展”的一个原因，其实只是“患不均”，而为各种局域性目标的“持续的”发展，终将受到地球空间规模的制约。因为不均衡而强调的发展也必将引发各种水平的竞争，而竞争将表现为对生存空间的争夺，最终是在有限的时间内对地球圈空间的过度开发从而造成生存环境不可修复的破坏。

“可持续”与“发展”之间存在潜在的矛盾，而“可持续生存”才是本质的。这种“生存”的意义，是建立在承认时空有限并且需要“泛生命友善”而不只是“人类优先”的前提下的。则“可持续发展”的观念，原是人类有史以来最重要的一次“道德修正”。“可持续发展”的观念终于使人类的精神进入更大范围的、历史性反思的“自我批判”的时代，新精神也将影响人的生产行为和生存状态。这是人类群体的共同现代性进化，是对众生平等的生命道德观的理性理解。

建筑与城市，作为人工环境提供人类生产和生存的最基本活动平台，现代理性社会所要求“建造业”的现代性，是与各种现存的“现代工业体系”对等的“现代建造体系”。则“可持续性”这样一种具有“生命道德意义”的战略规划，将是“现代建造体系”之目标的首要的层级和根本的目标，是建筑学工作的出发点。

“可持续性”之战略目标，需要被继续拆解为具有可实施性的建设项目，如城市供水供电，通信交通等基础设施的综合管线及网络建设、新能源、垃圾处理和可再生资源的研究等。可持续问题作为研究命题和课题在发散，建筑学的基本问题仍存在。

#### 2.2.1.2 可持续性建造

在汉语系统中，“可持续性”隐含了“时间的问题”，也即“历时性”问题。

“可持续性”概念如何或者能否作为一种系统现象来理解，仍需要研究的深入。简化地，“可持续性”问题可以转化为“人类未来文明工程系统”[108]的实践，进一步地，尤指其中的子系统如“生存基础工程”，其中包括“和谐的生存环境工程”和“人口工程”，即可持续性是人类对“未来的计划”。不妨说，可持续性也是某种对极端状态下生存状况的预见。可持续性的用心，最终关乎整体生命行为的延续，是生存时空的“极值问题”。

无论如何，地球空间之生态系统是大前提。与可持续的历时性相比，生态系统是相对稳定的和可见的。这种“稳定的”又是“实时动态的”；“可见的”则意味着是现实存在的，是人生对世界的基本认识之一。

在建筑学科研究对象的视野中，并由“系统论”的一般概念出发，“生态”本身既是一种“系统现象”，同时作为“人工系统”的“环境”而存在。一般而言，任何系统都必须生存于环境之中，需要物质、能量与信息的输入和输出。在系统与环境之间存在相互的交换作用，而这种相互的作用是否能形成“良性的循环”，决定了系统的生存状态，如此便同时出现了“时间”和“可持续”的概念。任何级别的系统，总是希望在有限的空间中，要求更长的甚至“永续”的生存时间。这是生命的本性，是生的欲望本能与天之时间霸权的对抗。

每一次对抗的结果，在全人类所曾经历过的时间中，“人生易老，无百年之屋”。文化的传承和经济的发展，都要求建筑和城市不是“一次性的”，但是，无论如何用心良苦，并美其名曰“可持续的”，每一栋房子甚至一座城市的“构筑物”本身，需要并且能够在时间中持续多久？直如每一种生命的个体，能够在时间中有价值地存活多久。人类所以发明了灵魂，并通过科学发现了基因，是基因的行为在可持续。

可持续之于建筑学的意义，实际上，无论“代内”或者“代际”的平衡，需要“可持续的”，正是“建造”的行为，也即生存“活动”本身及其所依赖的“资源”。因此，保证“建造的可持续性”，亦即能够持续地“在时间上分配空间资源”，才是“可持续性”概念的“建筑学基本表达”，进而可派生出对有关“自然、伦理、理性、社会”[100]以及策略与政治等的一系列问题的研究。

技术性地，“可持续地在时间上分配空间资源”，应当包括“物质和能量”两方面。如此，“建造之可持续性”问题在自然环境的前提下探讨，立刻与“生态学”的概念产生联系，纵横之间，是同一命题的两方面。

### 2.2.2 生态性

在进化论的观念下，这样的观念已经成为基本的观察方法之一，是能够持续的，也是能够“适应的”。建造在时间上的“可持续性”，首先表现为建筑物在空间上的“物候适应性”。历史上和乡土中的建筑之形态风格，便有其因地制宜的内在合理性。

在某个特定的、具体的、局域的环境中，在其所限定的地质、水文、气象、地貌、植被等物候条件下，使建筑物与环境“有机地”共同工作，这是现代建筑学观念中早已明确的基本概念，而建筑设计学科中当下研究的“环境问题”冠以“生态”的名目，却不是严格的“生态学”概念。建筑师想当然的、望文生义的“生态”用语，其意义与生态学家一向认同的“生态”概念的定义，不是一回事。当下建筑学的“生态建筑研究”更多地停留在“物候的”或者“景观的”水平而不自知。

实际上，任何一种因素之“独立的存在”或者“单一的行为”，无论有机的或者无机的，运动的或静止的，都不能构成“生态”的意义，生态的尤其不是“形态的”。生态的“建筑”，假使这样的定义有充分的现实和学理依据，便有某种“特征性形态”如某种风格吗？想当然地，人造物之“非线性的”曲水流觞就是自然的也即生态的？曲水流觞或许是一种“美的”趣味，园林也可算是人对自然的学习和对自身的研究，但是这种学习和研究曾几何时仍是仿赝的和蒙昧的。如在风水的传习中，门前有枯树是不吉利的。理性的行为应当研究树木死亡的环境原因，并且这种原因是否会继续造成对人居的危害。

所谓“生态景观”的审美体验，因为“宜居的”环境体验而积淀的认知心理，这几乎是人类“动物性”地在“植物群落”环境中生存的原始本能，而举凡人造物的美学，如工业美学，本质上仍是“价值”所决定的。

生态系统之自然存在不是美学，生态城乡建设不为美学，或者超越形态的美学。流俗中，传统的建筑艺术概念与对绿色建筑的自然化的想象相杂交，生态的意义被简化为对空间环境之曲水流觞式的形式化要求，但是，生态建筑实在不只是某种造型风格。生态学（Ecology）之家园的本意是用来生存而不只为了好看，好看有时不好用，形态与能量的统一才有生命现象，如中医之阴阳而太极。对生态的形态模拟仍是“形式传统”的怪圈，“形式操作”是对本质性规律的简化模拟，如皮格马利翁（Pygmalion）爱上他的作品。“形式美学”在字面上已有欺骗的意思。

生态学本身有伦理道德因素？生态系统是客观的和一般性的，道德却是具体的。道是自然和社会的本源存在，德是具体的应变行为。一般的道德说教之所以是讨厌的，是因为道对说教者个体的德的判断。

生态有道，处之以德，考验君子德行。“生态是一个中性词”，对生态字样的迷信，以为是某种褒奖，却忽视其间真实的作用机制，既缺乏道德依据，也不是科学态度。

建筑学研究需要理性地面对生态的价值。理性是建筑师对生活的态度。

#### 2.2.2.1 科学观念问题

生态学具有一般科学的意义。

生态原是本源的、自在的和被动的，生态系统之存在最是不被学术理论规定；没有“生态学”，生态系统是作为一种“自然之道”被人所“发现的”。

当下的生态学还没能穷尽一切问题，比如，我们现在仍然没能从生态学家那里获得地球空间所能够承载的“生命总量”的数据。这样的问题，实际上是“可持续性”行为的理性依据之一。但是，无论如何，生态的观念早已成功地被广泛接受了。并且我们现在知道，对于“建筑现象”的各种“认识”，其中包括“物质构成”“能量运动”和“全寿命周期”等，与对生态系统的诸般“发现”，竟有着殊途同归之处，这才是生态学之于建筑学的“可参照”意义。

如果仍然援用人工科学的观点，则“生态系统”正是“建筑系统”的原型，而对建筑的生态学意义上的理解，首先需要对生态学概念有足够科学的认知。

生态必须是动态体系的，必须是层级的、网络的、群落的、交换的、节约的和循环过程的，总之不能是封闭的、孤立的和个体的。在讨论建筑的生态学性质时，首先需要确定建筑现象的“生态位”性质，建筑物是不是生态系统中的一个“物种”？某一处建筑组群（乡村、城镇与大都市）能否构成“小生境”的作用？其中的物质、能量和信息是如何发生的，与自然环境中的各种循环又存在怎样的系统层级关系？建筑现象所表现出来的人类活动与自然环境的伦理应该是怎样的？

实际上，自然环境原是由生命体所共栖并共养的（盖亚假说），但是人类的建筑环境、村庄与城镇，除开人类所役使的个别物种的少量个体之外，拒绝其他物种的“侵入”。人类所选择并以为“天然”的、持续到如今的建造逻辑，本质上与自然界就是冲突、对抗并产生破坏的，即人类，只有人类的行为，才是与环境对立并互相否定的，人类是入侵性的环境寄生者，并且人类在创造自身的聚居宿主时，过度地挤压了其他物种的生存空间，以至于威胁到自己的生存。所以现在人类终于认识到，对环境的“改造”是有限制的，需要彻底改变的倒是人类自身及其在生态系统中的“物种生态位”行为，进而理想地，需要使“人-建筑”成为生态系统的组成部分。

通过约束人类的“欲望”并规范建造的“行为”，使人类“自大的意志”转换为“自觉的职责”，以“主导”生态圈的可持续的演进，建筑学便这样地参与到人类以“可持续发展”为宗旨的生产和生存活动中。在这样的前提下，迄今为止，全世界范围内，可曾有过一例真正的“生态建筑区”出现？

#### 2.2.2.2 城乡一体生态

“生态性”之中隐含“空间的问题”，也即“共时性”问题。

建筑学的“生态性”同时也是“自然控制工程系统”的实践。“生态”一词原是对自然空间的描述。生态本身之作为“系统”，内部有网络化层级结构，外部有能量和物质的输入和输出，“系统-环境”循环的动态平衡是重要的特点。循环在时间上完成，而建造的行为又与物候的环境因素表现为一一对抗性的同构，则人工建造物也“同时”存在着周期循环的绸缪要素。

建筑的生态学意义所以也是种群的和动态的，发生于人类活动及其聚居区域的生灭全过程之中，这个动态过程又共时地表现为在某一时刻或某一周期内（如地球绕日一周次）空间的全要素的平衡，即物质、能量和地球生命总量及其结构之间的运动和谐。

因此，“将时间因素转化为各种空间要素的总和并建立其间的平衡关系”，才是探讨“建筑的生态性”的最基本的目标及其研究方法。

而生态意义下的建筑设计路线是在了解建造地的物候条件与生境状况的前提下，确定建筑物所应承载的生态作用的各项指标，从而提出建造的生态策略，便是“生态性”概念的建筑学表达。

建筑空间从自然中获得，建筑不因为“生态”的意愿而简单地回归自然，建筑原是对大自然的否定。生态学的观念和方法，要求城市的生态兼容性，要求建筑的生态位的确立，要求城市具有生境的性质。而在此之前，由于人类建造逻辑的选择，城市是排他的，拒绝了其他物种的生存，城市本身具有内在的“生态危机”。

城市的本意原是为了“节约”，但城市中所形成的各种公共资源是以牺牲大自然和挤压其他物种甚或种族的生存空间为代价的，对自然资源的过度消耗已经使城市走向自我对立。幸好还有乡村、田野和山林存在。

单一的物种不能构成生态系统。建筑的生态意义不是孤立的建筑物的有机品质。单体的“生态建筑物”毫无意义。建筑学的生态意义是“环境与规划”的。

传统的规划是“消耗型的”，以人类的欲望或政绩为目的，以掠夺性的方式开发自然空间，要求在有限的环境中“还可以做什么”；而“生态学”意义下的城乡规划，被空间的“全因素”限制，首先需要研究的，却是在对象区域中“不可以做什么”。并由生态系统的“动态平衡”性质，为空间“持续性”的规划是超越形态的，是在整合空间中的时间因素同时的“产业链规划”，设计“循环经济”和清洁经济。

因而知道，为“环境友好和资源节约”的城市规划，本质上是社会发展的规划，在发展的同时形成“两型社会”的城乡一体环境。

## 2.2.3 绿色性

人类之于建筑空间环境的革命性理想，为什么不是“红色建筑”。

兔子不吃窝边草，不只是为了饥荒的储备（可持续性），是兔子不吃掉自己的房子，兔子知道保护自己的家园（生态性）。绿色植物组成的房子和院子可降低生存的成本。

### 2.2.3.1 经济伦理问题

自然生态系统最鲜明的进化成就之一是对自然环境中物质和能量的高效利用，体现在每一个生命单体的“生态角色”与其“生理机能”之间，在物质和能量循环、食物链作用上的统一性，并通过个体建立起物种之间的联系；而食物链中的个体和种群的生存策略，均以最小的“物质-能量”代价获取最大的生存效益，表现了生态循环的“节约性”，也即包括成本与效益的“经济性”。“绿色性”概念的本意，原有为“经济性”的原因，如由石油供应短缺造成的经济压力和“非商品能源”概念的提出，意味着“经济的策略”也是一种“绿色性”。

在生态环境的前提下讨论建筑的绿色性问题，“绿色”和“经济”在目标上也是统一的。经济是劳动的总和，经济的循环是一种社会化的联系，经济也是一种能量，社会性质的能量，社会和生活可维持的动力。与人类的欲望相联系，经济经常表现为短缺的，在一定经济能力下可支配的物质和能量也是有限的。而有限的和短缺的现实，一方面促进技术的发展，同时也要求道德的进步，理性的行为正是在无穷的欲望和有限的资源（包括时间资源）之间的权衡。

与生态系统的自发形成过程不同，人工系统的建立是一种理性的行为，建筑物是“被设计的”。理性的设计，已经是一种经济原则下的活动，否则就会只有施工而没有设计。建筑“绿色性”设计是“建造逻辑”的调整，目标是提高建筑物的运行效率，即“节约的意义”发生于建筑物的全生命周期之中。

“绿色性”也是利用性。

《易经》中说，“苦节不可贞”，节能不意味“零能”。

对于任何一种运动的系统，“能量”不是一次性输入的。如“热能”是建筑物系统中最低端的基本能量需求，而“热”却是能量的一种“耗散形式”，最经常性地发生于建筑环境之中。在建造策略中，材料、构件和构造有为“能量”的“保存与效率”的目的，而环境、造型和设备，则与“能源”的“获得与成本”有关。能够在这样的环节形成“节约”，意味着建筑物系统的机能高效率和良性循环。而良好的空间设计，最终节约“时间成本”，甚至保障人身的健康与安全，也是一种社会运行成本的节约。从本质上说，健康的、经济的、节约的和高效的，才有可能是“和谐的”。

### 2.2.3.2 绿色机能建筑

“绿色性”隐含“生命的问题”，可转化为“材料的健康和能量的效率”问题。

建筑学的“绿色性”目标同时是“自然工程系统”的实践。绿色建筑是可持续与生态目标的具体承载者，绿色性目标的核心是“建筑运行”过程中的“能量问题”。

生命现象中，有两种颜色互补的基本物质，即高等动物的红细胞与高等植物的叶绿素。动物和野生的人类，除开极少数生存于极端的、单纯的物候条件下的物种和种族以外，都是生活于植物的群落环境中的。曾几何时，植物的进化促进了动物的进化。动物因为自身的主动性，将植物群落的存在视为客观的环境，并建立了占有领域的本能。人类的生存情感也潜意识地拒绝庖丁解牛时的鲜艳场面，而更钟情于满目葱郁的森林草场。绿色在人类的文化情感中意味着生机和滋养。

无论“绿色”字样在别处用于何意，建筑的“绿色性”意味着建筑物的“运行”有如活体植物的“机能”性质。在此之前，建筑物“机体”的“物质构成及其形态”一向为建筑学所关注。现在知道建筑体的物质构成是“能量存在的载体”，建筑的历史遗存“不可持续”的表现之一是其中的“能量循环”停止了。则局限于建筑单体的被设计和建筑物的能量

（能源）效率等，正有关于建筑学的“绿色性”问题。“建筑物运行的绿色植物性机能”，便是“绿色性”概念的建筑学表达。其中有三个层面的递进概念，即“建筑的设备化”“设备的构造化”和“构造的植物化”。

“建筑的设备化”是指将建筑体本身作为一种一般意义上的设备系统。这里的“设备”用语，不等同于流俗中关于“居住的机器”的理解。建筑之为容器，是指建筑物是能量的一种容器，是用材料围合物做成的“被动式”能量储备的人工环境系统。这是空间生产的最初的本意。现有诸建筑物设备系统的产生，在建筑史中各有渊源，总是当建筑物空间自身的性能不足时，用（机电）设备进行生产性补偿。

“设备的构造化”是指将机电设备的功能，固化为建筑物的空间、材料和构造。机电设备的驱动需要能量，在提高现有设备的能源利用效率的同时，使暖通和照明专业的工作深入到建筑构造的水平，对“服务空间”的组成进行更加深入和细微的尺度的研究，使其渗透在围合“使用空间”的墙体和楼板之间，形成“被动性设备”“管道系统”；结合空间为行为的功能性设计，机能性地整合内部空间的布局和造型；以环境控制为前提设计“适宜的”外部形态，从而提高对自然风和阳光等“非商品能源”的有效利用，“构造化”地调节建筑体（及其空间系统）的热惰性，使建筑物成为“自适应性”的能源获得“设备”。

“构造的植物化”是指由材料、构件、构造、设备、空间和结构所共同形成的、有机运行的建筑物机能体系，并且这种机能是“被动性”的本意。

“建筑机能”关乎建筑产品的物质性构成物的运行性能。实际上，建筑产品的全面性能评价包括“功能”和“机能”两方面的因素。“机能”尤指由材料所构成的建筑室内空间的“物理-生理”品质。“绿色性”所有的用心，是通过“绿色性”的建造，最终仍落实到室内空气的“温湿度”水平，转化为工程设计命题，即在一定经济和环境前提下，建筑“材料、能量、排放与舒适性相均衡而获得效率”的问题。则建筑物本体的“生理机能”，有关建筑物最终的运行品质的获得，是“建筑绿色性”研究的主要内容之一。

拓展一些，“建筑的设备化”“设备的构造化”和“构造的植物化”的概念中，隐含了“建筑的植物化”的理念，并凸显了“建筑物机能”的意义。

特别地，在本书中，“绿色建筑”译为“Vegetal Building”，而不是Green Building。潜在的用意是，“绿色建筑”的用语通感于“建筑的植物化”的语义，即建筑物系统之“界面的材料与构造”“空间的布局与造型”和“设备的体系与能源”，如此三者之间的“有机”关联，有植株的生理机能般的和谐。

从空间品质的意义上说，“绿色性”从来就是建筑学之建造目标的最基本问题。

绿色建筑当是具有更加优良性能的建筑产品，并在其产生和运行过程中，做到节省资源、节省能源和保护环境。

人类的艺术与技术诸文化的发展，包括建筑之产生，原是人对自然过程的学习，但至少在建筑学一门，人类不是好学生。而以广义建筑学的价值综合性、环境复杂性和虚实矛盾性，它也是极其困难并具有挑战性的学问之一。一般狭义的建筑学暂时搁置建筑学中人自身问题（环境行为学）的研究，即将材料重构为适应人的尺度的空间。这样一种虚实一体的装置性系统的能量保存的被动性、能量获取的自发性以及系统运行的物质循环性，是建筑师对建造的基本问题的解答。

在建筑物之系统-环境的层面，建筑物对环境因素的“输入性响应”，是建筑的“绿色性”问题，如关于“节能”的研究。“生态性”的建造行为同时隐含了输出的问题，需要关注建筑物对环境的“输出性影响”，即建筑物的输出物是否能够被环境利用，意味着对环境的守成和保护，如关于“减排”的研究。而建筑物的“减排和节能”则对应于城乡规划的“环境友好和资源节约”，问题的逻辑已经慢慢变得清晰。

作为具有发生性质的工程活动，建筑的绿色性存在于BLM的过程之中。健康、节约和效率，是绿色建筑观下人类对人工环境系统的理想，而绿色建筑作为一个完整的系统，不是单纯的“可设计”解决的问题。对绿色性建筑系统的设计而言，存在某种“外部过程”的制约，则古典智慧中的“营造的意义”将进一步凸显出来。

### 2.2.4 本节结语——在节能成功之后

建筑学当下的发展动力来自学科外部的压迫。

“可持续发展”“生态”“绿色”等，是长远的建造目标，在当下则以“建筑节能”为核心。而在当前的“建筑空间研究水平”没有提高以及

"建筑材料、构件、构造和设备"没有大幅度改善的前提下，国家节能指标的制定和"可以完成"的预期，折射出现实中的设计与建造的粗放和浪费。

因此加强建造的监督、提高管理的效率仍是重要的工作，换句话说，尽管"传统"建筑学终将被颠覆，其在相当长时期内仍具有相对健康的现实应用活力。[67]

一个延伸的问题是，如果在绿色建筑成功之后，或者当人类获得了取之不尽、用之不竭的廉价的新型能源的时候，建筑学和建筑设计还要不要发展？这个问题相当于"现代建筑一百年的基本结论是什么"？这个问题相当于"从'类生态演化'的时间进程上看，现代建筑正处于什么样的系统阶段"？

很容易就知道，这个问题与上一节的"建筑史佯谬"都是类似的困惑。

不去说"可持续建筑""生态建筑"和"绿色建筑"，而是用"建造的可持续性""城乡的生态性"和"建筑的绿色性"的说法，是因为"建筑""城乡"和"建造"本身仍是建筑学的研究对象，为建筑工程实践所储备的最基本的概念，尽管不容易被定义，却也越来越丰富、明晰和条理化。

需要说明的是，作为对既有名词在概念上的理解，或者作为简化的关联记忆法，在本节中，将"可持续性"对应于"时间"、"生态性"对应于"空间"、"绿色性"比拟于"生命"（能量）、"设计"联系于"信息"，只是强调其间的典型的或主要的含义。

实际上，在时间、空间、能量和信息之间，并不存在严格的、在同一个分类原则体系下的"层级关系"，而更多是互相关联、互相存在、平行发生的。这里所谓"层级"的意义，只是作为某一种认识水平下的、与可理性操作的行为次第相关的、对问题的某种拆解方式，更加关注于概念之间的不同，而在不同概念名称下的行为和最终的（现在能得到的）实践结果，是相似的。所以，如果仍然使用"层级"的用语方式，是"类层级"。

本节这样用"时间、空间、能量和信息"的类层级的方法，实际上是文本性地讨论了建筑学工作目标之绿色"建筑物"的问题。而绿色建筑事业作为"一种理想"，同时是一种实践过程，过程中可存留多样的文本，有些文本积淀为理论经典。

## 2.3 理论困顿

本节“理论困顿”探讨建筑绿色性目标下“建筑学理论”的问题。

建筑学和建造体系的现代性之不足，表现为学科意识与行业行为两方面，其中理论及其方式的困顿尤其阻碍绿色建筑发展。绿色建筑产品的全面研发需要理论支持；“数字化”和“绿色性”从手段和目的两端，要求建筑学理论的发展和现代性。

一个基本认识是，“绿色建筑”是现代主义建筑运动的遗留问题，正像建筑现代主义运动是替代古典的建造逻辑一样，绿色建筑的建造目标也将带来新的建造逻辑。

现代建筑一百年的基本结论是什么，这不是一个容易得到满意回答的问题，需要进一步期待建筑史家和理论家的工作。但是，一个简化的问题是，现代建筑理论能否预见“绿色建筑”的发展方向。事实却是，现代建筑理论的主流不曾做到这一点。

毋庸赘言，理论的储备有助于判断和理解新鲜事物，于是“绿色建筑”是“功能有效性”的实践，并可通过“节约理性”而实现建造的“经济性”。“绿色建筑”的概念便这样进入了经典理论框架，传统理论便这样摆脱了被动局面？

但是，理论究竟如何发生作用？理论的表现形式如何？理论在研究哪些问题？理论的框架是否已经完备？理论有多少可保守的价值？理论是否在开放式地发展？理论是否可以规定实践？理论在批评的同时如何被批评？

### 2.3.1 现代建筑学的负担

人有虚实两方面，精神和生命体；建筑有虚实两属性，空间与构筑物。人与建筑是这样“虚实”对应的，即人的生命体（实）需要进入建筑的空间（虚），因此需要使建筑物无中生有并对其空间内的品质有要求，从而发展出相关技术理性；而人的精神（无形）需要关心建筑的构筑物（有形）的形态价值，于是有诗学艺术和道德意志的建筑学理论；经受艺术和道德熏染的文明人类的启蒙后行为，其进入空间的目的、方式以及对空间的要求，呈现出多元的复杂性。“技术理性”和“社会伦理”不可避免地交织在一起。理论的文本表述比现象本身的物质存在更丰富，是为文化。

作为一种“文化”现象，理论自身也在“独立地”形成体系，概念之间自有其内在的逻辑关系，当文本的逻辑契合于对象的逻辑时，理论或历史理论，获得了自身时效性的价值；理论关乎专业交流的水平，关乎专业的发展以及专业人员的再生产，并关乎专业方法的哲学；理论为提高整个行业的认识和实践能力，而不是期待出现几多个英雄人物，包括伟大的理论家；理论最终表现为整个行业的基本认知和行为水平，包括其组织结构从而建造的发生过程；理论并且要求自身必须是形而上的。

但是正如金融最终不能脱离物质生产一样，“形”本身的问题仍是重要的和最终决定性的，而建筑，尤其是建筑物的绿色性，正是在“形而上下之间”的存在现象。长期以来理论界对“可持续性”“生态性”和“绿色性”等概念的含混认识，并且坐视无关的态度，表现出当下理论思维对现实问题极度缺乏敏感。

有没有大一统的现代建筑理论？有没有放之四海而皆准的建筑学？有没有建筑学科之普世价值？中国当代建筑学的正确理论是从哪里来的？拿来的东西，已经本土化了或能够本土化吗？受西方建筑文论的先入影响，建筑学理论好像就是由那样一些“文化”命题所构成的。西方人自己也知道，“在 20 世纪时，英国的建筑理论实质上已经被建筑历史的研究替代”[59]。在当下，当我们在为绿色建筑的实践而厉兵秣马时，学科理论的“经院传统”已经成为现代建筑学的负担。

理论一次次表现为社会发展和设计实践的“后文本”现象，理论与设计的脱节经常发生于具体的工程实践环节。原应如此，建筑师是冲锋的战士，理论所以是参谋的总结报告？传统建筑学理论的研究方向与命题方式的“学统”，在当下的发展现实之中，有多少“盖洛普”的依据，或者只是研究者自家的理论研究趣味和某种琐碎欲求？理论研究者的意识在多大程度上领先于广大实践者在实践中的体验？

理论使实践者在自足与不足之间矛盾和躲藏。建筑学的文化理论与工程设计何干，理论之作为个人修养，基本问题中的基础概念有多少是文本清晰的，理论的脉络框架，环境和宜居、空间与行为、控制与生理，建筑学理论系统有多少关键词？

建筑学中，有多少行业专有的名词说出来让外行人听不明白？古典时期或者有之，如《营造法式》里的称谓曾令有西洋建筑学理论经验的大学者弄不明白，而如今一方面“开间、进深、举架”，甚至后发明的“户型”都早已成为通识性词汇；另一方面，现代建筑学理论文本中某些玄乎的名词或者“格律式”的“范畴”，却又让建筑设计的实践者也莫名其妙、莫衷一是。理论与其说复杂，毋宁说是混乱。

以焦虑的心情阅读《建筑理论史》和《建筑理论》，结果是更加焦虑。人们必须听说读写这样的经典，人们不可以怀疑这一大批天衣无缝的新装，否则是“没文化”，甚或不专业。仍然是“文化”的讨论吗？20 年前开始的堂皇命题，现在已经深入人心。文章大家开口就是文化，闭嘴不说话尤其显得有文化；建筑家们有漂亮华丽的散文，外行人等有痛心疾首的呐喊，理论学者有高贵顶礼的虎皮，专业教师自在地在自家的货摊上兜售琳琅满目的饾饤。

### 2.3.2 建筑文学

当代的建筑学，其理论、历史和评介的“文本”是什么样的？有关设计问题的专业交流，包括策划、设计、建造和运行等，其间的技术困难和解决策略等，应该在什么样的水平上展开设问并解读？倒是有这样一种说法，中国当下的建筑设计，如中国的男子足球，落后的不只是球队的技战术水平，其“行业文化”的不发达也同时表现于新闻发布会上记者们愚蠢的提问之中。

关于建筑设计的解说便是这样，除开以图示作为专业交流语言之外，建筑学的专业逻辑和方法更有什么特殊之处，对建筑物的描述可用修辞的方式传达？实际上，所见到的却多是“知识要点”的“完形填空”，用似曾相识的“格式文本”进行建筑作品之后的“文学再创作”，使对设计的优劣判断全凭文笔的高下较量。如此文章多是为“立此存照”并自欺欺人的，这是“黑暗中的笑声”。普天之下，究竟有多少真诚的写作？

平心而论，有多少人阅读书刊中别人的文字？又有多少“建筑文学性”的文章可以卒读？设计总是遗憾的，甲方总是愚蠢的，官员总是权威的，人事总是无奈的，技术总是限制的，投资总是短缺的，可是建筑师的专业尊严又在哪里？

如果某人也有过如此经历，会知道文学的写作、软件的编制与房屋的设计，其内在的思维过程与情感体验，原是一回事，都是牵一发而动全身的手艺，都是以和谐为完美的判别标准，本质上却要求从业者的真诚。但是，缺乏想象力的、人云亦云的、自足性的以至于“扯淡”的（真诚的死敌）文本积习，已经在不觉醒的把玩中成为滋生和培植“庸俗建筑学”的最佳土壤。[40]

建筑学之人文的复杂性，并不意味建筑学术的文学表达法。尽管文学的修养经常典型地代表着某建筑师的人文情怀，亦要当心误读了文学。

文学自有智慧，文论自有批评。文学是文化交流的最终载体。但是，建筑学文本中的文学描写倾向，使理念淹没于满纸荒唐之中，而且不只是文学语言的浮华，而且是专业文化的贫乏。[66]

实际上，文化是专业对社会的教育，建筑师通过职业的工作成为社会的教育者，建筑理论的研究中许多关于“建筑文化”的结论，更多地应该是讲给建筑物的“使用者”听的，而对于建筑师的工作语言来说，在专业的语汇和语法之外，文学是“修辞”。可修辞原是当词汇和句法定义不足时，对言语的可通感和意会的补充。修辞便不能成为“托辞”，否则就会只有“建筑文学”而没有建筑学。

### 2.3.3 建筑隐学

当代的建筑学及其理论，有什么基础知识及其方法的共识？在对专业问题进行深度研究的时候，学界在什么常识基准上讨论问题？论证的依据又有什么？专业的教育机构和教师，在传播建筑学尤其是指导建筑设计实践的时候，竟有多少“硬性的”指标能够明白无误地传达而不是流于“感觉性的”描述？

建筑与城市是现代社会最经常的现象，任何一个人都可以对建筑发表任何方面的议论，但是，“民间的智慧”是如何“有价值地”理解和参与建筑学讨论的？实际上，现代建筑学对于社会大众甚至知识分子也仍然是隐学。

每个学科都有自己的观察方法和基本问题，知道“不可以”才是“专业”的意义。外行正是不知道有些事是“不可以的”，甚至以为建筑的建造是某种没有多少技术含量的“简单劳动”。建筑师尤其惧怕外行自以为是的评论和关于建筑师的电影。又如对于多年以前的贺兰山房，几乎没有建筑家发表任何正式的评论。一定程度上说明，建筑即使作为艺术，其独特的性质，也不是可以简单跨越的。[23]

两百年前黑格尔可以替别人研究建筑的美学问题，或许是因为没有看到建筑的发展和变化，并且这种变化和发展几乎是停滞的。

但是，在当下，诚如理论家所说的，需要“提高全社会的建筑理论修养”[7]，需要让整个社会更多地认识到“建造的物质性”及其“发生过程”，需要让建筑系统的基本属性、生产力和文化的观念藏诸百姓、官员和知识分子之中。

建筑学对于一般知识分子实际上是隐学，建筑学自身仍有诸多未被了解清楚的基础认知层面。如关于“建筑”的基本定义，谁人都会发表长篇大论，却经常忘却房子需要冬暖夏凉。

即使在传统建筑学的框架之内，作为一种技术发展的新动向，“整合”现有设计技术的一般规则和设计组织的调整等，仍有相当多理论与实践的课题；如为建筑绿色性设计的“环境控制学”中，“工程热物理原理”和“数字化设计信息管理”等，又如为环境空间设计的“环境行为学”中，“空间的信息品质”与“空间类型中的行为规律”等。只要观察一下建筑学专业的博士论文甚至硕士论文的题目，就会知道现代建筑学是多么缺乏基础的建构。在过往的历史线索之中，也仍有“隐秘”存在，不只是尚有缺失的历史环节有待挖掘，更有如对“传统聚落”和“乡土建筑”的关注。甚至对“蚁穴”的注意，仍有天然的和受魅的“建造智慧”有待研究和整理。这样的命题通常被表述为“传统民居中的生态策略研究”，实际上是技术性的研究，而不是传统“建筑史”学科的治学方法所能够完全驾驭的问题。

无论如何，当下的建筑学实在未到可以皆大欢喜、集结成经的时节。

### 2.3.4 建筑哲学

建筑学的“宜居问题”，与社会生活有相同的复杂度。在人与世界的关系一节上，建筑学与哲学天然地相像，尤其在务虚的一面可以有相似的问题方式和理解的水平。哲学家邓晓芒因为黑格尔说要“让哲学说德语”，提出“让哲学说汉语”。拓展一些，如何让“让哲学说建筑”，并且“让建筑学说汉语”？

每个专业都有两套话语系统，一是专业术语及其逻辑体系，二是通常作为专业服务结果的日常生活的知识用语。当建筑学术的专业写作中缺少专业逻辑时，文本停留在“文学性”的描述中，有形中错失了专业学术的水准。非专业人士评述建筑现象时，对建筑物系统表观上的理解，游离于建筑学专业的核心内容之外，又不免使建筑学成为“隐学”，无形中降低了建筑文化的价值。

好在有哲学存在。

哲学的命题较少日常社会语言，所以大多数人读不懂，可是哲学是为哲学之外的所有行为准备的。但是哲学是如何存在于建筑学中的？看着理论文章里纷纷扯起的大大虎皮旗上各色哲学的名号，想到“文化”因在建筑学中被追捧而遭“活埋”的经历，不免为哲学担心。

建筑空间固化和限定了人的行为。建筑学之关于人的问题，是永远解决不完的。人与社会都在发展，设计也是无止境的。人对环境有适应性，尤其当建筑是被设计而建造的时候，这种“适应性”是环境与人之间互相的过程，即仍要研究环境是否和如何接纳人类的问题。

哲学之价值，正是研究“人与世界”的关系，关乎人和社会的生存状态和未来走向，读懂时，实践的哲学是建筑学理论本身。而实践的建筑学，面对当下的、具体的、与生存与发展相关的工程命题和社会问题，指导在一定经济条件下有依据、有“形”的器物性建造，不因为“形而上”的理论而使人百读不通。

对哲学的渴求正源于理论（传统）的困顿。抒情描写式、文学叙述式、大师希腊式的建筑学文本，为饾饤小儒搬弄于股掌，愚弄着众人的情感，掩盖了专业逻辑，没坏了理论的思辨，降低了专业的智能。哲学之为建筑学理论，如盐之溶于水。专业理论原不指望所有的人研究，却存在于所有人的意识中。理论家知道历史的经验，哲学家也是为未来准备的。理论家经过思考所得到的认识和方法不断地成为学科和行业认同的基本常识，理论才有发展。

此外，理论规定实践吗？或者如罗西与德里达，设计家有哲学家做朋友，所以设计便是由理论推导而来的？没有哪一栋房子是完全按照哲学的意图纸建成的。

由此，不是妄谈哲学，不是妄唯哲学，哲学的阅读是起疑后的循证。

建筑学的理论研究不是刻意地攀附哲学。任何一个学科在其基础概念上的讨论，有“哲学的意味”，是专业的技术哲学。

但是，广义的建筑学产生以后，便无可无不可或者有可有皆可了？是不是需要有大一统的建筑学理论？现象学、符号学、类型学是建筑学主流的理论研究？读到大部头的《现代建筑理论》等指定读物，有时不免产生怀疑。怀疑读者自身的学术真诚和甚至阅读能力。活泼的建筑现实却在书本中令人生畏，并且生厌，难以卒读。编书的人是不是真懂得？

或许当代建筑的理论只存在于少数卓越的头脑之中，可是如何印出来的东西好如丈二和尚的脑门儿？原应经过著者理解和梳理过的、原应（期望中的）有“体系”的理论，为何像翻译的不良文稿般堆砌？

哲学文论的文本方式，不意味着对建筑学问题的哲学性研究。文字的能力，无疑是一个人的某种文化水准，“文字的调度”便如建筑空间的设计，好的空间作品被期待能够发现设计者的机智在其中。文字和思辨能力的养成，是建筑设计构思和建筑史学研究的无形沃土。但是，以辞害意则“土旺金埋”，望文生义致“谬种流传”。多年以来，艺术、文化、生态、绿色、分形、系统、整合、透明、建构、数字化、现代性、非线性等原本具有实在意义和积极意义的概念，却在文本中被弄得玄虚和庸俗。原本指望用仿哲学的文论写作来掩盖设计的简单劳动水平，结果却使理论的行为遭到贬值。实践也难免是虚假的。

有什么情怀才能够做建筑学的哲学研究？

哲学是一种价值媒介，是精神世界或者理论之间的“货币”。拥有哲学或者货币都会使人感到高兴和满足。从这个意义上说，货币与哲学都具有抽象的和形而上的成分。哲学与货币一样都是入世的生活资粮。

当年没有准备好理论，现在理论仍落后。实践中不缺乏理论思考。未来的卓越思想可能来自设计前沿，因为设计前沿之中受过严格训练的人才的数量在积累。真诚地尊重理论家，并感谢理论培养了思想者。但是，建筑学的发展更需要实践者。而专业理论，或者历史学，重要的是预见性，即理论自身的机制应当是有生命力的。

### 2.3.5 逆向观察的现代性

不只是历史被逆向观察。

任何一个时代，总有思想是超越现实的。思想对现实的观察便是逆向的，思想经常受到怀疑或误读，也便是哲学的一般境遇。当哲学对现实的研究提出如“现代性”或“复杂性”的概念时，不只是现代世界“变”复杂了，也意味随着哲学研究的深入，人们现在能够并有手段观察和处理“复杂性”，而理论在认识上的现代性，同时要求行业中对等的现代性实践的发育水平。

当代现存的现象不意味着“现代性”。

启蒙之后的现代性之于建筑，仍然不是形态的。实际上，当某些文章谈到建筑的现代性时，从其文本中去掉“现代性”的关键词，所剩下的仍然是流俗的关于当代建筑现象的记述及其记述方法。其“解析”[95]本身正表明当代建筑学术之“现代性”不足。而号召“中国当代建筑补现代主义的课”，正说明了“启蒙”之不足。

这里对现代性的“观察对象”是建造行业。“现代性”的建筑学要义——“实践的现代性”包括两个方面：从业者人的“意识”和整个行业的“行为”。

#### 2.3.5.1 意识

“意识”在于行业的认识水平，包括观察方法和研究方法。

“专业”的意义首先表现为专业的“观察方法”，而观察方法本身检验行业的现代性发育水平。现代制造业中，唯独建筑业被要求承担“文化”的角色。潜在的心理之中，实际上，正是以建筑业的“工程属性”为前提的。即便如此，文化又是如何得来的？文化不只是艺术。对“建筑是技术与艺术的综合体”的描述，当是对建筑现象最粗糙的观察和最初浅的理解，是学科自我意识的“现代性”之不足，实际上即使对“建筑”之词意也没有分辨清楚。

建筑业自有其专业技术哲学的文化积累。具备工程属性的发生的建筑学，需要以系统科学的方法、复杂科学的方法、关于公平和幸福的伦理哲学，作为观察、分析与操作的基本方法，作为现代建筑理论的表现形式。

行业的“现代性”，由人的“现代化”来体现，某种程度上，这倒是对“现代性”自身的拯救。否则“现代性”摆脱不掉早已被视为病态的“贵族遗风”和精英意识。

当技术史、工程学、工程系统论、科学方法实践、建筑循证设计以及正义论等，作为常规课程进入职业教育的高等阶段，比如硕士研究生的教育时，有理由开始期待建筑学学术在意识上的现代性了。

#### 2.3.5.2 行为

“行为”在于行业的组织水平，包括信息组织和过程组织。

以人工科学和生态学的方法观察建筑学，生态系统之为建筑系统的“模拟目标”，对“设计-建造”的启发意义，体现在“建筑物全生命周期”过程之诸环节当中。

数字化技术可以为建筑物全生命周期的信息管理提供技术支持，从而使设计理论甚或设计方法论研究同样在建筑物全生命周期的视野下展开，实质上已是“建造信息”的初始化、秩序化和物质化的整合，即策划、设计和制造的“信息一体化”。

但是，建筑数字设计工具，不直接意味着建筑业的现代性。当下对数字化的态度，亦是意识之“现代性”不足的表现之一。“数字建筑”近年来的巨大成就，刺激专业研究的学术敏感，以为带来设计方法和工作模式的改变，而“绿色建筑”多年来概念不清、发展缓慢，不免使人意识麻木。[15]实际上，“绿色建筑”作为建造的目标，要求新的意识和行为，要求认识水平和组织水平的现代性。毋庸置疑，“目标的改变”对过程的影响将是更加深刻和广泛的。

绿色建筑的目标要求建筑师职能的拓展，数字技术能够完成这种改变，所改变的将是行业组织的结构和建筑师行业角色的职能。职能在拓展，组织在信息化。

设计企业的现代化管理，在其内部的过程，不只是项目组织（包括任务研究、目标设定、人员安排、时间计划）的信息调度，企业中结构性的系统信息储备，同样是生产力的成分，从而使设计表现为稳定的行业生产行为。如“知识管理”的价值，可成为“基于证据的设计”的组织保障。建筑师的建造实践通过组织的行为而拓展，从建筑策划到使用后评价的“设计全生命周期”，当可发展为现代设计企业的基本职能之一。

理论与实践有辩证的关系。理论是人之间互相的教育，并形成日常文化。社会文明的发展也是不断的启蒙。

归根到底是人的问题，循证设计仍由具体的设计者来执行。要求人的“自觉的”现代性，而不是由理论者对现象贴一个如“后现代”的标签。理论工具中，祛魅是一个好词。但是，“祛魅”以后的建筑设计职业与建筑学，令建筑师感到索然无味。艺术家被祛掉神秘光环，便不知道如何自娱娱人，尤其当被告知其还不是艺术家时。“启蒙”是有意义的，启蒙是对奴隶地位和“动物性”的否定。“现代性”即是人性，现代社会的存在状态已经是“非动物性本能的”。建筑师启蒙之后的非本能的“职业角色”

大于个体的艺术家身份。建筑师如导演般工作。“职业的美学”是职业生活行为本身。不妨说，建筑学的“艺术性”在于设计-建造本身的“行为过程美学”。

### 2.3.6 本节结语——节约理论智力

现代建筑一百年，如寒武纪生命大爆发，在获得了巨大成就的同时，却仍然掩盖不住“现代性”之不足，并且也“来不及”正式提出和解决建筑的“绿色性”问题。在当下，“数字化”和“绿色性”从手段和目的两端，要求建造和建筑学的新发展。

建筑学术需要理论的思维能力，需要珍惜有限的理论智力资源。我们尊重理论和理论家。有关建筑学认知的文化和艺术甚至是专业入门的指路明灯。但是，在艺术、哲学和社会学之外，我们没有理由为“绿色建筑”要求相关的、体系的或主流的建筑理论吗。

理论需要什么“文本方式”?

建筑学文本当真惧怕各式“粪土江山”或各样“磅礴泥丸”的解说词般文学式样，尤其是有关“绿色建筑”的“文学性”说辞，各种“漂亮话”更加要不得。建筑学理论思维之逻辑存在、日常行为及其文本方式，需要理直气壮地“拒绝扯淡”，无论是“类文学的”或者“仿哲学的”；以现实的问题和实践的真实过程揭露理论的讹诈。

理论需要什么“问题线索”?

美学和艺术的问题，还没有掰饬清楚吗？尽管去对社会大众宣讲建筑的文化和艺术，学科自身却不要被迷惑了。外行人可以坐视无关、心平气和地探讨建成物的艺术和“现象学”，环境与社会的“和谐”却是要经由从业者主导的发生过程而得到。甚至只是一味地评判或宣讲对建筑的艺术欣赏，而忽略对建筑物的“日常使用”的重视，也是“民间建筑文化”的巨大缺失。与汽车的性能配置、日常保养以及驾驶技巧相比，在汽车文化知识介绍中，车身的外观与内饰有多大的权重而成为汽车学？当下的建筑学，为宜居的绿色建筑研究，需要环境控制学和环境行为学的问题线索。

理论需要什么“产生机制”?

理论之既成有其自身的逻辑结构，是保守与开放相统一的。循证的方法，可以支持理论之自我否定的开放发展；证伪的公示是任何理论之可保守的前提并杜绝扯淡。

理论需要什么“基础研究”？

基本问题的回归，展现建筑学科之存在与工作的“公理”，理论才能够“自发地”展开。基础理论研究的“认识论”的作用，大量地表现在对专业教育的体系设计中，其中对学科中约定俗成的基础概念的理论辨析，是给予学生及其家长以教育知情权。

理论需要展示自身的生命力，而不是必须被保护才得以生存；有生命力的理论，需要研究现实而不是囿于历史。

## 2.4 历史疑惑

本节“历史疑惑”探讨建筑绿色性目标下“建筑史”的问题。

可回归的“基本原则”意味着对“基本的建造逻辑”的尊重。“建造逻辑”作为历史观，是批评的基本立场。绿色建筑的实践将带来历史上“新的建造逻辑”，而在新的建筑史观察方法及其历史学构架中，“建造逻辑”和“循证设计”正是同一问题的两种视角循证设计之价值是实践理性的，建造逻辑之客观是历史唯物的。

信息时代是否拥有属于自己的建筑历史观？在信息时代中，“无始以来”的观察方法，作为“历史观”的意义凸显出来。随着海量信息存储以及可视化技术的发展，两千年后再来看待现在的“历史”，与现在看待两千年前的情形，将会有怎样的不同。

在信息广泛存在的时代当中，历史的“认知方式”，与“有史以来”的认识境界相比，压缩或者抽离了时间的因素，使历史之存在变成了平行的事件。借助于建筑数字化中某些概念的提示，可以认为，“历史学正是对历史的一种虚拟现实”，往昔已像是每个人所能亲历的和记忆的（尽管有心理畸变）黄昏体验，在身边，在当下，是信息，是方法，即对历史之认同，史之“使”义，使历史转化为日常生活的文化信息，而信息面对现实的问题可引证为实践行为的依据，则历史原有证据的价值。

但是，当下艺术史、建筑史、设计史以及技术史中有多少价值能够为现实发展所利用，尤其是对建筑逻辑的觉悟而言？

学科史之使用，如中国古典建造智慧之“则”与“例”的意义；历史学的观察方法、全面历史知识的系统及其因缘结构，将影响到专业教育的策略和次第。历史和理论总是经由教育和学习而进入现实。

建筑史囊括了建造和建筑学历程中的大部分事件，无论其理论价值如何，在建筑史的各种“人文化的”文本里面，“建造逻辑”的线索已经隐含其中。

能够回归的基本原则，如何意味着“基本的建造逻辑”？建造逻辑，简而言之，即建造的发生过程中欲望与理性之间的权衡。“建造逻辑”起源于专业修养的直觉。是不是需要经过理论的严谨论证才能够存在于史实和现实之中，从而进入专业的话语系统？又如“建构”一词的意思，是不是原本存在于“建筑”作为专业语汇的概念之中？看来，概念与术语的畸变来源于对同一现象的观察深度。

“建造逻辑”本身作为一个术语，或者正是一个颇具复杂性的“宏大概念”。

建筑学及其学术研究的未来发展中，建造逻辑的成熟及其学术表达的完备既是一种期待，也是一项需要完成的工作。循证设计的研究正是这项工作的储备。在这个“建造比文本快的时代”，加速建筑业的科技现代性启蒙，促进建筑学术的研究状态的实践转向，就像20世纪哲学那样，引导研究者的智力分配，解决建造的当务之急，推动绿色建筑发展，切实促进可持续战略目标的实现。

### 2.4.1 建造逻辑的历史观

每当建造的意愿面对权利与意志、经济与技术、文化与艺术、人类与自然的时候，其发生过程中所内在的“建造逻辑”便同时发生，建造的“合理性”来自逻辑中物质的限制，“可能性”也不脱离逻辑的基本框架，最终的“逻辑规则”是经过“选择”的结果。或者说，建造逻辑正是因为有“不可以”的限制而形成。建造活动亦是一个理性的发生过程，尽管这个理性经常是有限的，建造逻辑却一直存在。

实际上，建筑史正是一部“建造逻辑”发生、选择和发展的历史。国内有某理论译著出版，为建筑学理论贡献了六个基本范畴。[33] 在我们找不到“更好的”理论体系之前，以这样“类公理”的框架为前提，从当下的时刻而回溯，得到人类的建造发展的时间线索。某种程度上，可以知道，人类对建筑以及环境的需求，包括对场所、美学、精神和创作过程本身的要求，是从来没有改变过的。

同样地依据《建筑理论》中关于基本问题范畴的研究，我们愿意相信，人类的建造逻辑是不断地处于“完备”的发展过程之中的。因为究竟建造逻辑的“诸要素”一直是平行地存在着的，抑或是次第湮灭或发生、并与其他要素建立起关联的问题，并不是提问的第一时间就能解释清楚的。建造逻辑中诸要素在发生和选择过程中的此消彼长，其在逻辑主线之间的摆动，形成了诸建筑体系在地区和历史上的鲜明的差异性和丰富的多样性，历史从而也是“多进程”的。[113]如《关于建筑理论问题之“商榷”的商榷》一文中关于“古典主义”[106]的解说，令人信服。

在断代的时候，最是看到“建造逻辑”的发生及其跃迁。建筑的现代意义，是现代建造逻辑的形成，建筑“古典主义”的型制不必同时泼掉。而“古典建筑”之死亡，是指建造的古典体系和社会观念的消亡，取而代之的是建筑的“现代”营造体系的建立。从而是否符合当代的“建造逻辑”，是对于建造活动及其结果的基本的评判原则。

如此说来，文丘里等人便白闹腾了。在他们的时代中，建造逻辑没有变。理论上关于“历史上的建造逻辑（及其演变）”的研究，也将是一个大工程。

建造逻辑的历史观，并可以作为一种基本的技术哲学的观察方法，而当从建造逻辑的“完备性”上探讨时，便可以发现建造的“现代性”之不足。绿色建筑发展将改变建造逻辑的重心，超越“机械时代”的建造逻辑。或者说，当下的建造意识，仍是机械时代的。

机械时代中工业化的大规模生产方式，劳动力的动员和组织机制，以及材料、结构、设备和动力的发展，解决了“有”的问题，其建造的目标仍然是“古典的”。这时的主流世界观表现为对机械美学的尊崇甚至攀附。信息时代的数字化技术则可完成“非线性”的设计和制造，技术和观念的进步可对目标提出新的品质要求。如果说工业时代是“机械的”，则信息时代是“机能的”。

### 2.4.2 建筑史学的简单批评

对现实研究不足时，理论茧缚于历史。即使在某个前提下，我们能够质疑建筑学科如何有如“公建原理”等科目的存在——也许它只是源于密斯在当年为北美洲某学院划下的道道，而今它也大量地变成为了“构图原理”——我们也绝无道理去怀疑“建筑历史”学科的作用和地位，甚至即令我们承认当下建筑史学研究之缺失和困难，可以宽宏地等待学科的发展，不能容忍的却是理论者的状态。历史研究不是自说自话、无病呻吟、为文章和学位，也不是唬外行和青年学生。

### 2.4.2.1 形式与内容

综合的建筑学理论总是与历史相关联的，“发生的建筑学”的历史及理论，需要研究建造发展的“发生过程”，而不只是静态地描述“存在现象”本身。

静态的和线性的建筑观仍然不能摆脱吗？建筑学术研究的视野被传统的、西方的文论限制。花样繁多的本体论的描述性讨论和先验的建筑学范畴的规定仍脱不开维特鲁威的苑囿。这些都是已陈旧的（或者误读的）建筑史观。

延用美术史研究的套路，风格谱系真的很重要吗？建筑可以是艺术史的研究对象，但是艺术史的理论和方法不替代建造的实践理性。除开艺术史，还有技术史、财经史。

其他学科在讲授“学科发展史”的时候，都讲授的是宽泛的“文化史”吗？历史学中究竟有什么学科智慧存留？中文系讲授诗歌史、小说史或者戏剧史。建筑史则如何？是基于建筑史的直接设计和创作，还是基于历史风格的仿赝？历史对于现实的发展是否已经具有“透明性”？

建筑史是不是人类的建造发展史？

二十多年前，高等数学教育中有数个版本的《数学分析》。其中吉林大学版的《数学分析》包括概念、实践、理论、应用，几乎是一部“数学分析的发展史”；而其他的版本如复旦大学版的《数学分析》，是成熟之后的数学分析学科的从基础理论到定理框架的现代体系，因为“分析”的理论基础是后来才形成的。比较起来，吉大版在基础教育中更受欢迎。

建筑学是一个早熟的学科，在当下却不如百年电影业或航空工业成熟。建筑成就人文。建造需要人文，人文需要历史，历史需要理论思维。

建筑史仍是重要的，却要改造。

如果编写一部“绿色建筑的发展史”，除开传统建造中的生态策略和现代绿色建筑实践之外，主要篇幅所要表现的将是绿色建筑在历史上的空白。尽管绿色建筑本质上一直是建造目标的基本问题，却仍然没有成为自觉的建造和理论的行为。

#### 2.4.2.2 批评与立场

既不是历史虚无，也不是祖制依赖，历史的研究从来具有现实的“功利”作用，谙熟历史的人最应该理解现实的是非和走向。但是，如果说理论的言之无物并且与实践相脱节而成为精神“负担”，则建筑史对现实的观照和批评也严重不足而成为“鸡肋”。除了高校，在设计院里还能有多少人关心建筑史并重视来自史学的批评？

批评还有用吗？

史学如果一味安于纯粹学术的清雅，就没办法抱怨被束之高阁的境遇。

需要让文化得到尊重而不是被当成手纸。广义的文化是人类自我的赞美，个体的文化是无功利的积累；无形的文化是种族生存之无价资粮，有形的文化是有闲时的消费项目。

对有形的建筑物的文学艺术描写，或者也算是对建筑的一种“使用方式”。建筑师的“设计叙事”与对建筑物“评论叙事”，也使“建筑文学”具有积极的意义。但是，建筑历史研究之现象观察毕竟不是“狗仔队”的行为，从业者首先需要具备建筑文化的感受力和预见力。并且对建筑现象的文化研究，需要“盖洛普”的依据，而不是自说自话。

需要让批评具备逻辑而不是隐学妄议。举凡艺术种类的差别，源于其各自内在的“发生逻辑”之不同。比较起来，即使作为艺术种类之一，建筑现象的发生逻辑是最全面的和相对完备的。而每当建筑行业有革命的必要时，便是改变建造逻辑的时节。则建筑现象的批评以“建造逻辑”作为基本的判断原则，建造逻辑本身也在批评和讨论中变得明晰，从而回答“现代建筑一百年的基本结论”的疑惑。

需要历史哲学的普及。忙于给出当代现象的结论会有莫大的危害，在什么时候才需要关于若干历史现象的决议？什么才是目前形势下的重大问题？而理论经常被作为“媚俗的口实”，被阉割的理论也总是造就“庸俗的设计”。让历史信息共享，让所有人知道标准，后现代不需要崇拜权威，每个人自己会判断。让理论的方法大白于天下，便是技术哲学和历史哲学的用处。

历史学家最是当代现象的洞察者，而历史学家也最坚持“原则”。但是，当下是不是有原则、有良心可资坚守？学者们是冷漠的，不知道并且懒得管其他人在做什么，只要别惹到他们。实际上，没有人会对所有事一窍不通。但是，学者们依然冷漠，顾不得并且不判断身外的人和事，或者以尊者之权威乱说而无忌。直如理论工作不可以急功近利，历史研究也不能够故步自封。敏感于现实的问题，争鸣于百家之立场，是历史学的自赎。

需要批评。

#### 2.4.2.3 现实与过往

现实的推进需要提出新鲜的问题。

一流的学术水平意味着能够提出业内认同的、需要解决而暂时难以解答的问题。提问也不意味着怀疑一切。任何一个时代，都需要不断地清理思维的定式与认识的误区，况且科学本身总是处于不断发展之中。

历史学的智慧基于过往而研究现实，或者亦可借于对现实的新知而重新理解历史的真谛。如《走向新建筑》中说，“住宅的问题还没有提出来，需要正确地提出问题”。城市住居的问题，既是现实的问题，也有历史渊源，并且是理论研究的滞后，只是因为其中的经济技术成分，便超出历史研究的范畴？实际上，有人指出：“社会住宅可能会起源于政治上的动因，但其设计很快就发展成为一个建筑学的问题。”[42] 仍然说明历史研究同样需要敏感地面对现实的问题。

不能够正确地提出问题，正体现理论修养缺乏。流俗的历史观及其学术范畴阻碍理论思维的广泛养成。现实中，理论如何并可曾发生作用？《建筑理论》中潜在的情感是，因为实践缺乏逻辑组织，所以“我们”不愿意接受这样三元式的“简单推演”和对历史的理解，只有带着矛盾的心情继续期待。不能够回避的一个意识状况是，现实中多数人的意识和行为实际上是停留在过往的某些年代或者人类境界之中的。

人类的建造一事是原发性实践活动，“本能地”存在于男人的生存意识之中，“建造的冲动”从来就不是先有理论或学科课程的，况且建筑理论和学科体系一直是滞后于实践的要求的。但是，“绿色建造是大于本能的行为”，如此，认识的次第从哪里来？

马克思说过，对人体的解剖研究有助于对猴体解剖的理解。通过对当下现实的观照而深入历史研究，可以理解建筑现代主义的启蒙意义，并由现实而逆向地观察，能够知道“绿色建筑”是建筑的现代主义运动所“遗留”的工作。现代建筑学通过“空间-行为”理论对建筑物和人居环境进行研究。在当代随着绿色建筑概念的提出，理论者当有机会基于现实中的问题而深入地反思建筑物、建筑环境的人工建造意义，为“宜居”的理想而回归研究的视野，从而对建筑学之基本问题有更多的理解。

历史学的研究需要拓展新的领域，通过系统的研究以对建筑逻辑的演化规律有更加明确的认知。实际上，建筑逻辑的理论价值将大大超于风格谱系的艺术方法，而历史研究之纹章院职责，探明绿色建筑的历史线索，已是对绿色建筑未来发展的支持。建造逻辑既不是也不能停留于形式逻辑，通过绿色建筑的实践并催生新的建造逻辑，原是当代人可以指望比肩师祖并比文丘里等辈幸福的历史机缘。

## 2.4.3 问题的推论

尊重历史和历史研究，在“应用”的层面说历史与理论，历史学需要与时俱进的现实的活力。

### 2.4.3.1 通史的表达维度

技术的支持可以使建筑史的现代表达是全景的和更多维的。

建筑史在时空中存在。建筑史不只是“时间的”范畴，而是可以更鲜明地表现为“地理上的”存在。

我们愿意相信电影导演与建筑师有同样的习惯，在读历史的时候需要同时参照地图；建筑师对地理的敏感如军事家对地图的依赖。人类所有的战争都可归结为对生存空间的争夺，人类文明史中的战争史和建筑史都是地理上的事件。电影导演的本领之一便是将其还原为动态的、可视化的历史画卷。多年以前，已经有多卷本的《中国历史地图集》编辑出版，并且地图本身也在数字化。

文本的线性形态暗示了线性史观，历史学不免是少数人的。对历史现象的认识和理解，后人总有无奈。人们总是习惯于找到某种线索，或者将建筑史划分为某些阶段，从而归结出某些“风格”的演变。

可是历史本身原来是一种多重时空的连续复合体，是人类的“线性史观”使历史学家不得不一次次地分解历史，片面和局限总是难免的。而我们所需要的是将历史的解剖切片还原为历史本来鲜活的灵魂。

在当代，当学科拥有更有效的信息处理能力时，并且在“建造逻辑”的观察方法下，建筑史是不是可以被表达为一种“多进程的并行化时空系统”？

在传统的建筑史文本样式中，与历史学科一般的，既有“断代史”，亦有“国别史”，则整合的“全球建筑通史”何时出？这“通史”中有空间因素，既是历时的，也是共时的，是时空一体的。个体的历史之文化存在，是由每一次的回溯而形成的每一个人的历史印象，如纪录片的观众，其视野受到摄影师和编导的限制，影片只是时空中的某一条线索。建筑史之关于历史中诸空间的生灭谱系，大于任何电影的记录和描述。现在的问题是，建筑史是否也可以形象化全息地“数字可视化”，以完成“建筑历史信息的数字化复原”？这可算是一个通史表达的技术性问题。

实际上，历史学是历史本身的虚拟，而虚拟正是数字化技术的立命。有“谷歌地球”的计划，便可以有“全球数字建筑通史工程”，使空间的确定同时具有时间的因素，并且可以看到在相应“文明阶段”的地球上，“绿”与建筑曾经怎样进退，建造的策略曾经如何因地制宜。这是“建筑史地理学”之于绿色建筑的积极意义。

如此，建筑历史学本身可以真正表现为解说、批评和理论。

### 2.4.3.2 建筑财经史纲要

有形的风格是外在的“存在现象”，风格的背后隐藏着建造逻辑的“发生过程”，即风格本是历史唯物的，物质性的发生过程受历史阶段的生产力水平的制约。

在广义的建造逻辑中，物质性也是决定性的成分，而物质性的生产力度量以及生产关系的作用，表现为经济学的存在。“建筑财经史”的研究将是“建造逻辑”作为历史观之重要的立论依据。

经济是一种客观的限制力量。任何建设意愿、材料生产、人员组织、建造周期最终为经济条件所限制。建筑业的生产效率不只存在于建造的技术过程，用现代经济学的方法观察，可以表述为投入与产出的效益。建筑物使用中所发生的物质和能量的输入、输出循环，已经是经济作为动力的结果。建成环境的性能评价，经济也是重要的指标。则在建筑史、建筑史学中，建造的政治经济过程表现在哪里？

实际上，在现代早期，广泛的社会性建造的初期展开，“经济”的意义尤为突出。现代建筑是工业社会的产物，社会主义也是工业社会的理想（包豪斯和柯布西耶的某些思想意识）。资本主义经济伦理更催生“公司城镇”，即现代建筑与城市的产生不是孤立的“技术和艺术”原因，社会政治经济理想都是重要的根源。

当代建筑的商业开发表现为经济意志与政绩权利。其中土地“所有权”问题或许已经超出建造之“财政经济”的领域。尽管如此，“建筑财经史”的命题至少是超越传统的学科体系之中微观的工程建造之“建筑经济与管理”科目的问题。

财政与经济的概念不尽相同。在财经政策中，土地、税收、金融、货币和物价等一应经济杠杆，调控或影响着建造发展的周期和速率。历史上在集权者意志下的公共工程，近代以后为产出效益之经济性目标的社会化的平民建造，莫不有财经之“看得见的手”在操纵。建筑史不应对其视而不见，财经史亦是建筑学的基础问题。

建筑财经史的研究的意义，在专业教育中，可资形成“建造之社会化”的工程建设的概念；即使是为“艺术”的原因，也需要知道艺术的产生是有技术、有成本、有产出的效益目标的，延伸一点地，艺术史中如何研究艺术及其工具的技术沿革？

如此，以财政和经济的观念作为一种观察方法来讨论历史上的建造发生的问题，同时是有关“建造逻辑的历史学研究”；有这样的材料和观念散见诸历史学的文献之中，才得以形成问题的相关概念；甚至如果能够认同“经济性也是一种绿色性”，为绿色建筑的系统理论研究计，现在是不是已经到了需要专题研究《建筑财经史》的时节？

#### 2.4.3.3 历史与青年学生

许多时候，历史是为青年人准备的。

历史的传播给青年人准备了什么基本观念？建筑史的故事一向为青年学生所喜欢，有时甚至是启蒙的主要门径。但是，建筑史不是文化的纪录和艺术的赞美，现代建筑史不是大师们的游侠独行传。

但是，传承与担当需要天赋和训练，需要勇气和胸怀。不会做设计，所以报考“建筑史及其理论”的研究生，是对建筑史学教授的严重轻慢，太小看天下英雄。一面研究历史，一面申明自己会设计，如此狡辩和矫情，同样是对历史和他人极度地缺乏敬畏。

建筑史研究呼唤一流的才情。

### 2.4.4 本节结语——循证的历史线索

历史是多进程的，当下是多元化的，未来是多重选择的。

“必须面对终极”是医学的天然问题。与传统医学不同，传统建筑学不讨论终极问题，但是“可持续”命题的提出使建筑学从建造开始就要对生命周期的终点负责。建造却早已开始。历史经验告诉人们，过程也将决定未来。

每一个人不是第一位建造者和居住者。

不是每一个人居住而建造，不是每一个人建造为居住，是人类为居住而互相建造。历史上，建造先于设计；现实中，设计先于建造。建造需要设计，设计本是虚拟的建造。互相的建造需要依据，是历史能够让人“做有依据的设计”。

每一个时代有自己的历史观、历史研究方法。

为“绿色建筑”的“新建筑观”，要求新形态的建筑史观察方法和历史学构架。“建造逻辑”和“循证设计”正是同一问题的两方面。建造逻辑站在高山之巅俯瞰建筑史长河，循证设计正处在建筑学发展的激流中。则新建筑观的历史线索是什么？

由读史的经验知道，一般地，现实的现象总是能够在历史的记忆中找到先例。列宁甚至说，“人类几千年的文明史，可以找到足够的依据，证明任何的胡说八道”。故事虽让人津津乐道，本质却总是被人忘却，因为“发现相同总是更难于发现不同”，历史同时需要“质性研究”，才能够提供更广泛的为现实的依据。

诚然，“建筑历史研究只应该停留在艺术层面和技术层面”是一个误区，其自身也仍然研究不足。[105]《技术史》[35]仍是不可忽视的，况且已经有这样的蓝本。“建筑学是统计学”[136]，亦不可姑妄听之。建筑历史的结论同样需要统计学的研究依据。

19 世纪末期是欧洲物理学的一个踌躇满志的时期，当时中国建筑学也正处在爱因斯坦的前夜。“回归基本原理”的时候，学科有什么基本共识？建筑史的讲授和相关研究文本，在文学性的叙事描述中浸润得太久了。建筑学科和建筑教育面临新的整合，从而更清晰。与此同时，建筑历史及其理论学科却需要进一步拆解，从而更深入。

“绿色建筑”已经不是一个新鲜的话题，却也是建筑学科在当代被重新“启蒙”的标志。并不是因为绿色建筑的研究“有道德上的优势”，从而可以堂而皇之地提出要求，而是在疑问，为了达成绿色建筑这样一个不可逆转的目标，有什么建筑学、建筑历史及其理论可以依赖？

不免恐慌。

当普通的中文建筑历史阅读文本能够解答这些疑问的时候，我们知道，中国的建筑史学界和理论界承担得起中国建筑未来的长老团和检察院的重任了。

## 2.5 循证设计

在循证的理念下，在“基于证据”的价值观下，“数字建筑”提示对理性的要求，“绿色建筑”也提出太多的疑问，“多事的”循证不免令人讨厌。是否回到理论家的老套，只顾自家一味地指手画脚却等着他人的辛苦实干？循证如何能够真正地参与到绿色建筑的研发实践？

“理想主义者必须同时是实干家”，才不辜负觉悟时的灵光。在以“循证的建筑学”的方式，对学科背景“抄检”一番之后，仍以“设计研究”作为建筑学中最灵动的成分。循证原是由数字建筑的研究而发现，却为绿色建筑的设计而发展。与建筑数字化技术的进步相比，建筑绿色技术的进展不尽如人意，生态仍是漂亮话。[12]绿色设计不是每一次设计的必需工作，具体的绿色设计实践也没有成为“共享的经验”。但是绿色建筑的发展目标是不可逆转的，循证设计的方法致力于推进这一进程，便又存在一大堆问题，甚至包括对“循证方法”本身的研究问题。

“绿色”的概念不能独立存在。根本地，“绿色”的概念由生态学演绎而来，而如果依据生态学的观念，赋予建筑在生态环境中的“生态位”意义，认同“有机的建筑生命观”，则建筑物的“生理机能”应当受到重视。

建筑物的所谓“生理机能”，这里指在建筑实物解剖之外，扩大的构造观念，更包括建筑物腔体、建筑设备及其驱动与控制等。问题的目标是“建筑物整体的设备化”。

无论如何，处理生命体的生理或病理问题与处理建筑物的机能问题，在方法上便有可相互借鉴之处，便已是循证设计的用武之地，并将集中表现为“建筑统计学”对建筑设计知识证据的处理。

为建筑绿色性品质的设计中，空间形态、材料属性、构造作用、物候策略等的“绿色化”，仍然经验不足。例如，构造的能源高效性，材料的理化性质及用量对室内空气品质（IAQ）的影响，维护结构对空气成分的过滤作用，建筑群落形态中的阳光、气流及声景观，植物群落配置对建筑物及其主人的物理与生化影响，水体和流水的作用以及生态的“非景观”本质，各种建筑设备的电磁环境，各类型建筑物的机能特点、能量运行规律及绿色建造策略，室内空间的“绿色形态”，即空气流动的路径控制或由室内空间的造型而造成的空气（烟气）相关自发动态的分布（类似于飞行器的“气动布局”研究），节能计算书的结果检验，以及节能设计的“预后”问题，等等，需要处理大量的设计与建造的“实践数据”，以资形成理性建造的最佳依据，并需要可靠的方法以实证或证伪所获得的设计策略。

正如循证医学不是具体的治疗方案一样，“循证设计”也不提供具体的设计知识。循证在多元价值视野下（三位一体的）是对具体设计的最佳证据的判别，循证研究所以首先是方法研究；甚至先验和体系的循证设计也是一种“学科”的开发方法。

## 2.6 本章结语

由对于绿色建筑的困惑，以焦虑甚至恐慌的情绪对传统建筑学家匆忙地翻检一阵之后，能够释然的是，知道建筑的绿色目标（Vegetal Goal）原是建筑学科一百年现代主义运动的遗留问题，并且窃喜地以为这当是当代建筑学的机遇。

绿色建筑就是建筑。[102]或者严格地讲，绿色性是建筑物系统的基本“机能属性”。

建筑为空间，绿色建筑为基于节约道德的“宜居的生存空间”。“人工的”建筑原是对“自然的”环境的否定。绿色性的建筑则具有更明确的性能指标和价值取向，在其被建造和运行的过程中，不再是对地球资源一味的索取、占用甚至破坏，而是要尽可能地减少对自然环境的消极影响，在新的生命道德观之下，整合“自然环境”与“人工环境”为共生的、全体生命现象所共栖的生态系统。

### 2.6.1 绿色建筑（二）

绿色建筑的建造目标使数字时代的建筑设计行业面临新问题的研究。

现实中，对绿色概念的理解也是一个渐进的过程，从理论上的热烈欢呼到实践中的举步维艰，绿色建筑的概念不断被拆解。从笼统的“生态绿色”到“节能减排”，再到“低碳”，慢慢接近到可设计操作的阶段。这样的变化，也意味着绿色建筑是具体的。这里的“具体”是“全信息”的意义，其本意是“具‘体’而微”；“体”在这里指建筑学全部的原理和伦理；“微”是每一次与特定的环境相关的建造目标及其品质要求。

因此绿色性是建筑物的普遍属性之一。绿色建筑与数字建筑一样，都不是某种特型化的建筑类型。具有特殊“功能”目的性的建筑类型是有的。实践的建筑学和设计活动中，建筑物类型的分类以建筑空间的服务功能为原则，确定建筑物空间所容纳的社会活动，从而提出某类“特殊性”建筑物的存在意义。

从古典到现代，凡新建筑（功能）类型的产生，便意味着社会生产生活的发展，如工业建筑类型的产生对现代建筑的诞生或有革命性的意义。在当代，如果有“革命”，则是由“普遍性目标”所引起的“建筑物的绿色性”是所有建筑物一般的基本“机能”属性。

绿色建筑的成功需要整合全社会的因素，并结合对工具的研究和设计组织的升级，提升建造产品的综合性能，孕育并接生新的建造逻辑。而循证设计的方法，首先是作为一种（行业理性的）意识，要求设计-建造行为的依据，从质疑和研究望文生义和约定俗成的概念开始。

有关于绿色建筑的“问题集”考验建筑学研究的整体状况和认识水平。实际上，绿色建筑的理论基础中，仍然存在一个致命的问题，即绿色建筑的“假说”如何能够被“证伪”。建筑系统（包括城市的级别）“在多大程度上能够对生态环境的平衡指标有贡献”，隐含的意思却是，生态环境是否有不同水平的平衡状态，其中之一是接纳人工环境系统的加入。建筑现象原是从生态环境中“异化”出来的，其能否被生态环境“可持续地”容纳，无论以何种方式，如“盖亚假说”的共生意义，需要等待绿色建筑实践之使用后评价（POE）的统计结论，并结合生态学的进一步研究。

在“生态建筑”与“绿色建筑”的用语同时存在的背景下，由于二者在实践上有“共同的目标”，对其中“群体的循环”和“个体的机能”之间的相互作用和依存关系的理解和用心上，只有“微妙的”差别，不妨说，“生态”和“绿色”的用语，是互相“耦合的”“平行的”或“共时的”概念，而不是绝对次第的“层级关系”，某种程度上，正如“城市规划”与“建筑设计”的关系，有视野和方向的不同，当代理性的、参与性的建造行为，建筑最终组成城市环境品质，城市环境也要求建筑的基本机能。

### 2.6.2 数字建筑（二）

所谓的“建筑的数字化不可避免地与建筑的绿色性联系在一起”，在思维方式的层面，如果“数字化”代表工具理性的意义，则与由绿色目标所决定的“建造逻辑”有内在的联系。

而在工作对象的层面，由数字化所处理的“建筑全生命周期”问题，实际上又是一个从生态观念所派生的概念；如此，当宏观的“建造逻辑”与微观的“建筑全生命周期”相对应，是不是可以这样疑问，其中哪一个是理想的、哪一个是客观的？

产生这样困惑的原因却是由于实践中的“非理性”成分，以及“绿色建筑”的主观意愿，“建造逻辑”仍是模糊和不完备的，对“建筑物全生命周期”之信息流变的监控也不是简单线性的。理想中，建造逻辑体现于建筑全生命周期之内；现实中，仍需要全社会道德文明的进步和理性方法的发展。

对建造逻辑的判断仍有存在现象和发生过程的两方面。设计-建造是发生过程，建筑物和城市建成环境是存在现象。这其中，绿色建筑仍不存在，仍在发生之中。

生存环境的绿色性建造，是超越传统建筑学专业的工作，“建筑史佯谬”典型地揭示出“回归基本原理”时的建造行为。

具体地讲，建筑的绿色性目标作为建筑学研究和设计的对象，在研发技术的层面，有“虚实”两方面的分别，是建筑物“腔体”和“墙体”的整合，正是“数字化”的“设计—建造—运行”技术的可应用领域。

“实”在这里指建筑构筑体实物，在领域保护、空间限定之外，如屋面、墙体及其衍生物（如皮之毛附）的材料物理化学性质，构造、接口、界面等。

“虚”指构筑体实物的负形（或补形）部分，在内部，如空间腔体的空气动力学性质，与其界面的联通洞口有关；在外部，指存在于环境中的非商品性物质（空气）以及能源（阳光）的利用效率等。

建筑物的绿色性为提高建筑物自身的运行效率计，本章提出“建筑机能”的对应概念。而“机能”由于数字技术的存在，并通过建筑设备效能的改善，将成为建筑物之“可动态调节的”品质。某种程度上，正是建筑物的“智能化”意义，即建筑物之数字化（具学习与适应能力的）智能系统，最终是为建筑的绿色性服务。

### 2.6.3 循证设计（二）

建筑的绿色性是具体的和实践的，循证的设计是具体的和实践的。

“绿色的”概念被提出以后，在实践中不知道如何行动，缺少充分必要的条件，没有相对明确的技术规程，没有成为常规设计的内容，没有进入建筑师再生产的体系，业界整体是困惑的。

循证设计的价值正是与缺乏绿色建筑的设计证据和设计方法的现实相联系。

建筑设计的高效率和高质量不是行业内部竞争所带来的，主要来自行业外部的压迫。建筑的绿色性作为一种品质，其设计目标集中了整个社会(广义的业主)的各种要求，并需要提供其所采用的策略和达到的性能的相关证据。

绿色建筑的品质不是“建筑形式”所能全部体现的，其品质的“真实性”需要在数个“春夏秋冬”中进行周期性运行检验，便首先对设计提出新的要求。设计不是止于图纸，而是需要证明设计的结论。所以能够知道，循证设计的三要素之一，在既有的设计观念传统之上，明确地提出需要强调“业主”的价值要求，便不只是宽泛地允诺设计的高尚价值观（如“以人为本”），其中包含对绿色建筑一系列相关概念的深入理解。

循证设计也是为职业理想和专业尊严的。循证设计，基于证据的设计，致力于在每一次为具体建造目标的建筑设计中，极大地发挥建筑学的全部能力。

循证设计的本质中有“保守性”的一面，与绿色建造目标之浪漫的理想性相比，循证设计是现实的；循证设计的提出却是激进的，与绿色建筑发展之困顿相联系。必须找到切实可行的、具体有效的方法。这些方法本身也必须是有依据的。

循证设计与绿色建筑是互相的机遇，也期望能够一起发展并成熟。

“绿色建筑”成功愈晚，于“可持续战略目标”的实现愈不利。

随着在疑虑中对绿色建筑概念的深入理解，会知道绿色建筑不是一厢情愿的局域性目标，不是一个单纯的建筑设计的技术命题，而是一种“牵一发而动全身的”、关乎整个相关行业的系统工程的大问题。

循证设计概念之提出，在信息网络化技术的支持下，以数字技术为基本工具，循证设计为基本方法，绿色建造为基本目标，完成传统建筑学整合并改造的过程，是建筑学的全面现代化。而重视循证设计所蕴藏的多元价值，需要整个业界的觉悟，如行业法规的支持、设计实践的应用、业主的价值认同。其共同的目标是完成社会的期望，即在宜居的总目标下，营造的理性与精致。

# 3 行为：循证设计诸问题

循证设计作为一种价值观念，并非只在“信息时代”才可以理解；循证设计作为一种技术手段，却只能在“数字世界”方得以实现；循证设计作为一种工作方法，正是为“绿色建筑”的研发所准备。

循证设计作为一种思想意识，在超越具体设计的时候，是对建筑学整体状况的研究。当以循证的意识作为一种“观察的方法”并转化为“研究的行为”时，“循证”也包含着“质询”的意味，便是在第三章中对学科背景全面检索，即理论研究时，循证是对建筑学知识的处理。具体设计时，循证是对建造信息的加工。循证设计的实践意义，即是在信息的背景下，对证据的重视和对证据的处理（包括证实或证伪），进而完成对证据的传播，实现基于证据的“设计—建造—运行”的“建筑空间全过程”。

首先出现的问题却是，既然循证设计（EBD）的概念由循证医学（EBM）而催化，那么为什么是“设计”（Design）而不是“建筑学”（Architecture），即为什么不是EBA。这个问题或者相当于，为什么EBM是Medicine（医学）而不是Therapy（疗法）。

实际上，医学包括基础医学、临床医学、口腔医学和预防医学等多个一级学科。循证医学则开宗明义地标举其是“临床医学”的“临床流行病学研究”的新进展。建筑学学科传统中，从未有“理论建筑学”或“工程建筑学”之分；或许“建筑学”某种程度上意味着是建筑学的“基础”理论，而“建筑设计”则相当于原理的“临床”应用。因此，“是EBD而不是EBA”，是“循证的设计”而不是“循证的建筑学”，便不是偶然的，它是研究者潜在的心理中对于“证据的研究之于设计实践的意义”的重视，这种重视并作为对循证问题的基本认知、价值要求和甚至研究方向的选择。

循证设计包括学科智慧、从业人员和服务对象三方面要素，循证设计所以是“面向发生过程和对象的”。循证设计不是为传统的“形式”设计所准备的，尤其不是流于对设计问题之静态的观察，一如对“构图原理”甚至“建筑空间语言”的理解，其更具实践意义的价值，也不应只是停留于如何使用语法和词汇，而是面向“具体案例的应用”，是“有对象”的对话、“有依据”的解答。循证设计是实践的。

从循证医学到循证设计，建筑学有许多机会与医学相沟通，如前文已经几次提到的预后和机能概念，也在与医学的类比中变得清晰。最重要的是，职业价值观是对等的。

在循证设计还没有形成对建筑学研究的一般方法、问题框架和案例集合的时候，参照循证医学已经形成的基本内容和方法，是一种“技术哲学”的便捷，但是万万不是简单地做关键词的替换，或者将循证医学的著作“改写”为循证设计的文本。

## 3.1 循证医学

生死之事大矣哉，最具人道关怀的人类事业是生命科学。先秦庄子养生、17 世纪公共卫生、19 世纪进化论、20 世纪基因遗传学，无不给人类带来新的价值观和方法论。在当下，医学界的有识之士正在信念坚定地并富于使命感地传播和实践着“循证医学”的理想，“循证”的理念现在也刺激建筑学研究者对建筑学进行深度观察。

循证医学（EBM，Evidence-based Medicine）即“遵循证据的医学”，作为一种遵循科学证据的医疗实践方法，近二十年来在“临床医学”领域内迅速地发展起来，其核心思想是“任何医疗卫生方案和决策的确定，都应遵循客观的临床科学研究产生的最佳证据”，从而制订出科学的预防对策和措施，达到预防疾病、促进健康和提高生命质量的目的。循证医学的三位主要创始人之一、加拿大麦克马斯特大学的临床流行病学家 David L. Sackett 教授新近对“循证医学”给出的基本定义为，“慎重、准确和明智地，应用目前可获取的最好的研究证据，同时结合临床医师的个人专业技能和长期临床经验，考虑到患者的价值观和意愿，将三者完美地结合在一起，以制定出具体的治疗方案”[14]。本书中对“建筑的循证设计”的描述性定义即由此而派生，并将“循证”（Evidence-based）作为一种一般性的人文思想而理解。

该定义揭示循证思想的三个一般性要素，对于医学即为“最佳证据、临床经验和医疗对象”。循证医学的有关文献对此的解释是：①收集最新、最好的科学研究依据：一般通过基础医学研究和以病人为中心的随机化双盲临床试验（RCT），找到更敏感、更准确的疾病诊断方法，更有效、更安全的治疗手段，以及更方便、更价廉的疾病防治办法。②运用熟练的临床经验：运用临床医师积累的临床经验，迅速对就诊病人的健康状况作出综合评价，提出可能的诊断和拟采用的治疗方案。③针对就诊病人的特殊情况：针对每个病人对就医的选择，其对疾病的担心程度以及对治疗手段期望的不同，而采取不同的治疗措施。所以循证是既基于理性又具有人文关怀的职业价值观。

循证医学因此而不同于传统医学。循证医学认为，传统的现代医学是以“经验医学”为主，主要根据“非实验性”的临床经验、临床资料以及对疾病基础知识的理解来诊断和医治病患。循证医学则更重视“诊疗证据”。循证医学虽然强调任何医疗决策均应当建立在“最佳科学研究”证据基础之上，但并不是要取代临床技能、临床经验、临床资料和医学专业知识。

循证医学已经发展出一系列相关理论与实践方法，并可解释“传统医学所强调的证据和循证医学所依据的证据并非一回事”，而“既重视证据的制作，也重视证据的传播”是循证医学思想区别于以往医学思想的重要特点，这也是“传统建筑设计”与建筑的循证设计的分别。

循证医学有其发生背景和发展过程。

循证医学文献将英国的Cochrane医生尊为第一位创始人，其相关思想产生于第二次世界大战的德军战俘营，并影响到战后流行病学研究。Cochrane医生于1948年所倡导并实施的“临床随机对照试验”（RCT，Randomized Controlled Trial），现在已成为循证医学的重要方法之一。美国耶鲁大学的内科学与流行病学教授Alvan Feinstein从1970年起，将数理统计学与逻辑学导入临床流行病学，系统地构建了临床流行病学的体系，发展了当代的“临床流行病学”研究。

20世纪80年代初期，Sackett教授在麦克马斯特大学的医学中心组织了一批临床流行病学专家，举办面向年轻住院医师的临床流行病学原理与方法的培训，即“如何阅读医学文献”的学习班。经过反复实践后，1991年Sackett联合美国内科医师学会（ACP，American College of Physicians）的《美国内科学年鉴》杂志，出版了名为《美国内科医师学会杂志俱乐部》的“二次性文献杂志”。该杂志刊载的是国际上著名的30余家医学杂志上发表的内科临床研究论文的摘录。这些摘录由专业人员按照一定的条件进行筛选，以结构性摘要的形式加以归纳，再予以专家评论后形成。该种杂志十分符合诊务繁忙、没有时间系统地阅读医学杂志的临床内科医生的需要。循证医学一词，正是出于1991年加拿大人Gordon H. Guyatt在该杂志上发表的一篇短文。

1993年英国成立了非营利性的国际循证医学学术团体Cochrane协作网。我国1996年成立中国循证医学中心及“Cochrane中心”。2005年人民卫生出版社组织出版一套共32册的“全国高等学校八年制临床医学专业卫生部规划教材”，其中的第31册即为《循证医学》(王家良，2005)。[139]

循证医学在20世纪90年代得到迅速的发展，其发生的信息背景与建筑学现状非常类似。不妨说，“信息爆炸”促使有良知的医生觉悟。《循证医学实践和教学》（Straus，2006）中总结了“四种现实的窘境”，以“呼唤循证医学”，其中之一是：“我们无法在每个病人身上花费超过几秒钟的时间去寻找和吸收证据或者每周留出超过半小时时间来进行阅读和学习。”如此“窘境”让建筑师既触目惊心也感同身受。

循证医学的普及与推广已获得五个方面的研究进展，并形成了循证医学的一般工作方法：①提出了有效查寻和评价证据的策略；②建立了系统评审并简明扼要地总结卫生保健效果的机构组织，如循证医学“Cochrane协作网”；③出版了循证医学期刊，发表了大量有效且具可供临床立即使用价值的研究报告；④完善了可供快速检索的信息网络系统；⑤确定和应用了终生学习和改善临床实践的有效策略。至此已可清楚地看出循证医学的理念与建筑师职业的“结构性”相似之处，而循证设计概念的提出和发展，在学习借鉴循证医学的同时，自有其设计行业本身的客观逻辑。

## 3.2 预后问题

预后（Prognosis）是一个古老的医学话题。两千年前希腊人希波克拉底撰写过论文《论预后》[140]，其中说到“对于医生，最要紧的是关心其预见能力的培养”，便与本书中“设计结果是对建筑全生命周期的预见”的说法有可沟通之处。“预后”也是现代临床医学的传统概念，循证医学中亦有关于“预后”的专门研究。

与医学有具体的、实在的对象不同，建筑设计有一个虚拟的建造目标。设计是对目标清晰描述的过程。不妨说，建筑的设计本身已经是对建造目标的预后，不只是在设计的过程中对具体问题的解决和对设计意图的选择需要依据，而且是对建筑设计的最终结果，即设计的性能指标，需要提供“预后”的依据，是扩大的、详尽的《技术设计说明》，作为设计文件的重要组成。

由此可知，“预后”的行为实际上存在于传统设计的方式之中，所以预后不是“使用后评价”。使用后评价是对建成物性能的检验，如飞机的试飞，了解产品对“设计指标”的完成度并以此形成该产品（设备）使用的“操作手册”。阶段性的预后不断地发生于设计之“虚拟建造”的过程之中，如此也是建筑学与医学的不同之处。并且，“能够虚拟”是建筑学的莫大方便，也正是设计的价值之所在。

预后是对发展的判断，预算即是一种经济性的“预后”。不是刻意地在建筑学中使用医学的名词，实际上如“结构诊断”“构件探伤”等，已经是医学的术语方式，本质上也是类似的。预后过程是存在的，预后更是对设计策略的说明和对设计性能的保证（或许诺），而强调预后的意义是重视“证据”，并需要有关预后的研究方法。

医学中的预后是对于某种疾病发展过程和后果的预测。按照在疾病发展过程中是否接受治疗，“预后”主要可分为“自然预后”和“治疗预后”，更有“预后良好、预后不良、预后慎重、预后可疑”等概念。在这一点上，医学是“诚实的”。

从绿色建筑开始，建筑设计需要预后。

建筑学从来没有许诺这个学科是万能的，但是，也很少说明有什么是“做不到的”。规范中确有很多“不可以”（不宜和不应），更有些甚至是强制性的，其中隐含建成空间对行为的适应。这是建筑学对生活的研究。但是因为虚拟的生活中艺术家也许是“万能的”，建筑师的自足性心理便隐藏在这里。可是，当建筑物不再是仅属于设计家个人的“艺术作品”，而是作为建造行业为社会制造的“工业产品”的时候，为建筑物及其产品的功能与机能的“全面性能”（TBP，Total Building Performance）的设计，便不能再对社会继续回避“预后”的问题，需要提供“预后的证据”。正如循证医学对“预后证据”的专项研究一样，对“设计预后”的“证据研究”也将是循证设计研究的重要组成部分。

## 3.3 机能问题

与传统建筑学的概念不同，绿色建筑有“机能”的问题。可以说，建筑是固化的生命，建筑物是固化的生命体，建筑系统经能量的运动而机能性运行。

医学中的“机能”是一个寻常概念，如人类和动植物生命体有“生理机能”；医学中也有“功能”的概念，如骨伤治疗的预后有“功能复位”和“解剖复位”的分别。潜在的意义是，功能是生命体器官的主动使用行为，机能是生理组织水平更基本的生命活动，细胞内的生化过程被称为机制或机理（如酶的作用机制或反应机理）。类似地，建筑物有“机能”的属性，建筑空间有“功能”的目的，而“机能”与“功能”构成建筑的“性能”；建筑性能评价包括功能和机能之虚实两方面。

性能（Performance）指建筑物及其空间的全面品质。对建筑方案“设计指标”的设定与建成系统“运行能力”的判定，实际上是对“全面建筑性能”（TBP）的确定。性能是综合性的，需要在具体的案例中拆分为具体的“设计指标”和“检测项目”。

功能（Function）是使用者对人工物的最基本的要求、意愿和目标。传统建筑学，无论理论的或实践的，即使没能解决全部的建筑功能设计的问题，但毕竟已经驾轻就熟。功能是特殊性的，主要体现为平面空间布局；类型化的建筑由空间功能所固化的社会行为类型所决定。

建筑功能的研究中，更有建成空间状态对使用者行为的影响，以及由此所引发的使用者对空间的形态构成、布局联系的适应性、使用者的空间使用心理等。

机能（Enginery）指人工物作为一种系统构成物，其自身“运行时”的发生逻辑。机能是一般性的，如一个建成空间。当发生火灾时，其烟气运动的流变表现便是极端条件下的建筑物空间品质及其自主的运行状态，超出传统的“功能”概念范畴，存在于所有建筑空间类型之中。机能是对建筑物自身的组成存在及工作状态的描述，包括结构系统、维护系统（材料、构造与构件）、设备系统（机房、管线和终端）、交通装置（电梯、扶梯和楼梯）、空间构成和外墙洞口等。

如果用机能的概念理解建筑物火灾的现象，我们可以知道，火灾不只是“意外”，火灾是建筑物内在的隐患。实际上，建筑物本身是一个潜在的“大火炉子”，有燃烧物，有燃烧室，有排烟道（如墙体及楼板间的空气通道）。火灾是建筑物使用不当的“病理问题”。

为建筑的“绿色性”目标，需要提出“建筑机能”的概念，并作为一种“观察方法”以及设计预后的要求。对“功能的完成程度”和“机能的运行特性”的掌握，需要“使用后评价”的统计研究。潜在的意思却是，一般传统的建筑设计结果，对“机能的运行特性”预见不足；而正是在处理“机能”之处，建筑设计更像医学的行为。总之，医学及建筑学与人的“个体生命”和人类的“种群生存”息息相关。

### 3.3.1 由绿色住宅再说“机能”

“食住衣行”是现代社会的主要“工具系统”。在各种社会化的建造活动中，住宅则如主食，住宅的建设是第一位的，在人居或宜居的研究中，住宅的问题永远是核心。为了能够良好地解决问题，首先需要正确地提出问题。90年前柯布西耶在《走向新建筑》中说，“住宅的问题还没有提出来”。在当下，城市住宅的绿色性问题是否已经表述清楚了？为住宅绿色目标的建筑学之“设计与技术”解决方案是什么？在本书的观察方法下，城市住宅是建筑工业所应能提供于社会的首要产品，该产品的“性能”评价即包括“功能”和“机能”两方面的因素。绿色住宅的设计则应包括“功能性”和“机能性”两方面的研究。

住宅的“功能性”关乎住宅产品的“空间性”组成，一向为传统建筑学所重视，其中包括“住宅中为服务家庭的各种行为的室内空间的设计（空间规划）”“住区中为服务社区的各种活动的室外空间的设计（环境设计）”以及更加宏观的层面，即“住宅建设的社会化体系（经济性、资源分配与住宅产业化）的建立”等各类问题，总之，以家庭对住宅（或社区对住区）的“使用”和“占有”为主要研究内容。学科传统中，正是（或主要的）在功能性上区别了（家庭）居住建筑与公共建筑的类型。

住宅的“机能性”关乎住宅产品的“物质性”构成，尤其指所构成的住宅室内空间的“物理-生理”品质，也即建筑物本体的“生理机能”，如墙体的保温构造以及门窗的通风作用（比较起来，门的领域限定作用和可出入尺度是“功能性”的设计）。机能性是一般存在的。某房子的功能可能不确定，但是只要有墙存在，机能性便在发生，便有机能的效率问题。一定程度上，这正是“绿色建筑”研究的主要内容之一。

建造总是在环境的大前提下展开，“环境的因素”是建造的基础的“边界”条件。绿色建筑的研究触及“建筑物与环境”的基本关系问题。无论“对抗”或者“利用”都是建造策略的依据。绿色住宅体系的研发也是基于建造的基本逻辑而发展。绿色住宅的概念中有绿色建筑的基本意义。实际上，作为一种“简化的理解”，住宅建筑及其群落对环境的影响，关乎建筑的生态性问题；而住宅的建造对环境因素的响应，关乎住宅的绿色性问题；绿色性的问题可转化为对“建筑物机能性”的研究。

住宅建造以其大规模生产并面向平民消费的产业性质，往往是高新技术的最后应用领域，其中经济是决定性力量。倾城之力做一些示范工程是可以的，但常规的建筑物即使在可持续性目标的要求下，其性能也不能都如航空母舰一样全面配置。绿色建筑的发展需要通过大量的城市住宅的设计-建造提高整个建造业的基本水准。城市集合住宅的“绿色机能性”研究正是其中基础性和普及性的工作之一。

### 3.3.2 住宅机能问题研究简纲

城市集合住宅“集中设备”较少，是一种更多依赖自身机能而不是机电设备的建筑产品，或者是一种相对简化的绿色建筑版本。对其绿色机能的探讨，可以作为一种循证设计的综合案例加以专题研究。住宅绿色性建造的用心，经过土地配置、环保评估、材料选择等“外部过程”之后，其设计、建造的目标最终必须落实到具体的建筑物的诸项性能指标，包括室内空气的常规“温湿度”水平的保障策略，即在一定经济性前提下的“能量与舒适性”的问题。而无形的、由构筑体“被动地”（经过设计、建造后所形成的空间体系“自动地”）发生与调节的、反映为室内空气温湿度状况的建筑物“生理机能”，需要具体的物质性“机构”完成，即“空间的形态”和“物质的材料”的机能性实际上也是各种模拟技术的可应用价值。在现有的认识水平下，机能的具体产生机制应包括物质的（实）和空间的（虚）两方面因素，并有相应的设计方法和技术工具。

（1）物质的，包括材料、构件、构造和设备。

①材料。包括元资源的利用、材料的定向设计与生产制备、健康和构造要求的性能。

②构件。包括局域的单元性能、工艺品质要求、可召回性、柔性接口。

③构造。包括现有材料的为“绿色目标”的使用策略、建造的可行性。

④设备。包括现有设备类型的能源效率、机电设备的空间与土建的构造结合。

（2）空间的，包括空气品质、能源获取方式和空间形态。

①空气的生化品质，与建造材料相联系。

②非商品能源的获得。包括为日照通风和除湿的造型和空间形态、地下室冷量利用。

③构造化的和空间形态化的被动“设备”，与腔体和洞口相关。

（3）方法的，包括建模、模拟和实物检验、运行评价等。

①CFD 的设计预后。

②整合，以产品的综合效率为目标的集成设计。

③POE。包括全面性能检验、证据的循环过程，建筑的可操作性质、产品使用说明书。

其中（1）之②③、（2）之②③是建筑学之“可设计解决”的建筑绿色性问题。

城市“住居的问题是统计学的问题”[136]，包含社会各种成员的基本空间需求或生活资料分配的问题，而绿色住宅的建造，又必须在可持续的视野下展开。令人疑惑的却是，在日趋精巧的城市集合住宅系统中，怎样才能有体现精细机能的管道腔体的设计，即在当代城市集合住宅的平面体系中，怎样才能容得下“绿色构造”的空间？尽管这已经不是单纯技术性的问题，但最终仍需要具体的技术措施。

## 3.4 最佳证据

什么是“循证的住宅设计”？居住的问题，甚至住宅功能的问题，仍然远没有被研究完毕，没有被穷尽可能，尤其是当机能问题被提出以后，如内部腔体、界面墙体、墙体之外的辐射领域等。建造总有实验性的成分，那么如何面对每一次新建造实践的经验？无论何种视野和水平的建筑学的研究，不停止于对建造行为以及建筑现象的文本性理解，提供方法并指导建造才是学科研究的实践意义，也是循证设计的价值。

循证设计概念的提出包括为功能和机能的“有依据的设计”，其中潜在的意义是为了能够依据“最佳证据”而完成“最优设计”。因此，完备的、最佳的和及时的设计证据才是循证设计的核心，从而体现与时共进的学科背景和不断增长的实践经验的意义。而为了获得“最佳证据”，与“恰当地提问”有关，首先需要剥离出问题在系统中的线索。这已经是科学研究的方法，并且有整合的分析前提。

有关“最佳证据”的实践，涉及最佳证据的产生——提供者（循证医学中称 Doer），以及最佳证据的运用——应用者（User）。这两者之间是交互的关系。证据产生于理论研究和建造实践，其中“使用后评价”的结论将是极其重要的证据来源。因此，证据的提供者本身可以是应用者，应用者对于证据的进一步发展，又可以成为证据的提供者。这体现了可持续建造的发展意义。

无论“最佳证据”的原创性生成，还是证据的最优化选择，都已具有探索研究的性质，都属于循证设计的研究范畴，反映了设计的具体研究性质。

围绕“最佳证据”所展开的循证设计研究，实质上是要回答这样一系列问题：为什么要遵循证据？如何寻找和提炼证据？如何检索相关文献资料？如何鉴别重组相关的知识信息？怎样运用所找到的证据？如何从实际的设计问题出发，以可靠性、正确性和可应用性测评证据，并将其运用到设计问题的解决工作中？

数字化技术为建筑设计提供了获得“最佳设计依据”的可能性。证据的产生与运用、信息的共享与检索、设计对象的研究以及研究方法的可靠性与数量化，凡此对设计知识的信息水平的研究，将构成循证设计的工作内容和研究框架。可以预见，具体的操作行为将包括“案例研究”、“网络循证”、“独立循证”和“统计学应用”等。

与“最佳证据”有关的问题，也是在循证医学中所强调的“循证思想”的核心。

循证医学中，为“最佳证据”的获得，有“4S 方法”的专题研究：“系统”（Systems）、“摘要”（Synopsis）、“合成”（Synthesis）和“研究”

(Studies)。4S 方法是一种金字塔形层级结构，其中以“研究”作为基础，经“系统综述”、“大纲摘要”直到形成“计算机决策支持系统(CDSS)”应用层面的资源，其方法可资建筑学参照。[134]

### 3.4.1 数字信息背景

最佳证据产生于证据集合，证据相对于信息的广泛存在，尤其是数字化信息的迅速增长与传播的社会与时代背景而凸显，仍需要对数字化现象本身有深刻的理解。

本质上，数字化是对信息的研究。

实际上，信息大爆炸产生于“信息数字化”之前，而数字化从建立计量单位的标准开始，对信息进行处理、存储和传播，结果却是使信息更加多元、更加复杂并且更加冗余。这样一个往复递归的过程改变着信息占有的分布。信息知情权的扩大也改变着价值观，改变着各种传统行业的职业内涵。

建筑业也在后工业时代中缓慢地积累着促使其自身进入现代化的力量，首先是设计工具的数字化升级，而对数字化的逐步清醒的认识，也促使重新重视信息的价值。

传统建筑业产品形成的最终阶段，由于总是在室外环境下与类天然的土木材料和简单劳动相联系，容易忽略其“工业制造”的基本属性。而在“建筑全生命周期”观念的要求下，“空间的生产”是一个由策划、设计、施工、运行和回收等阶段组成的完整工业过程。

实际上，建筑工程即使在最后具有“装配业”意味的施工阶段，也需要大量的组织和管理的决策，更遑论在策划与设计阶段中繁复的有关人文的、技术的和经济的论证。决策和论证需要依据，获得依据依赖于信息的占有和处理，建造工程也毫不例外地表现为工业制造的理性过程。

设计是对建造的研究。

建造的活动需要大量有关立项、设计、施工和运行的可靠信息。这其中，项目策划是建造信息的初始化，而设计的整合本质是将有关建造的信息有序化。建筑师正是传统的建造信息处理者。建筑师的职能被要求延伸到施工的阶段之中。

随着传统的建筑工程理论和知识的不断更新，新材料、新设备和新的构造与构件的市场日益繁荣，凡此均需依赖经验较少的现代建筑技术，大大不同于依赖经验较多的传统建造技术。而大量专业期刊中囿于传统文本模式的设计解说，已经扰乱视听，不敷使用。工程设计项目繁多，也使建筑师们没有更多的时间漫无边际地去搜寻和归纳所需要的信息，而“无序的信息”本身并不直接意味着具体设计的依据。

数字工具的发展是“理性的进步”，使人们可以直面过往无奈的问题。数字化也带来新价值和新问题。数字化技术的发展已经更新了“设计的工具”，可持续的发展战略对设计的对象即“建造的目标”也有新的要求，其间的过程即“设计的范式”也将表现出新的应对形态。相对于传统CAAD，BIM 整合了建筑信息中介系统与设计过程，可作为真正意义上的建筑数字化的源头，但也仅仅是建筑数字化的初级阶段。

“必须使建筑的数字化超越狭义的工具层面”已经成为学界共识。实际上，“数字化”概念本身已经意味着在“信息”水平上的观察方法，从而需要在信息处理的水平上发挥“数字化”潜在的生产力作用。数字化的技术和文化改变着建筑设计的价值观，从而影响着设计的发生模式。这种改变既有“工具数字化”的作用，更是“信息数字化”的结果。但是，在当下，大量的观念和意识集中于对“数字化工具”的关注，对“数字化信息”的研究遭到忽视。“传统数字化工具”对设计模式的影响已经趋于完成，而设计体系对“数字化信息”的响应仍然没有足够的准备。

建造实践却在快速发展而无暇等待。既然高效的工具和多元的甚至碎片化的信息不能解决全部问题，那么“设计的判断”从哪里来？“设计的依据”又是什么？同时，有关 PM（Project Management）与“建筑师职能体系更新”[94]的论著中，设计本身及其过程被赋予更高的理性期望。设计是信息处理的过程，建筑信息模型完成对房屋信息的设计描述和系统管理，则建筑设计的信息如何获得并最终指向哪里？设计中可资依据的信息本身，如何被评价和被选择？

实际上，工程设计的一般解题意义，重要的是选择“最佳的证据”和“优化的过程”以获得满意的结论，其次才是设计的效率与周期问题。而设计的过程和结果，如“设计的全生命周期”，将是对“建筑全寿命周期管理”（BLM）的全面模拟。并且“可持续战略”对建筑品质要求的提高，建筑物绿色机能日益复杂化的趋势，也直接要求着为整个建造体系的“循证设计”，即要求诚实的和有依据的建筑设计。

立刻出现的问题却是，可靠的信息从哪里获得？建造经验如何能够成为可传达的、可共享的一般性设计依据？信息以各种媒介形式而广泛存在的背景，数字技术之网络化“超链接式”的搜索引擎，可以瞬时地观察到“超冗余”的信息，简单地接受这样的事实，也容易产生廉价的乐观。实际上，信息背景也同时意味着淹没有效信息的“背景噪声”。如何甄别有效信息正是循证医学产生的动因之一。而建筑学本身的现状却是，有关问题的数量化研究不足，尤其是关于绿色性机能的研究（或与传统建筑学研究的文本积习有关），证据集群建设仍需要时间成本。

有关建造的信息以及证据的“数字化”，只是其中一个层面的问题。更基础的问题是“元信息”（无论以何种形态的，通常记录为文本的）的产生。元信息直接地源于设计实践的技术创新以及应用经验，表现为对“设计案例”的积累；而自觉地关于设计证据集群的建设，则需要可靠和有效的方法，以进行设计实践和理论研究的具体的个例研究。“案例研究”已经发展为一般的方法，应用于法学和市场研究。

### 3.4.2 案例研究

案例研究法（Case Study Method）与证据的产生和发展有关。该方法于1870年由哈佛大学法学院始创。当时的法律教育面临双重压力：一是传统教学法受到全面质疑，二是法律文献急剧增长（与循证医学之起源相似的背景）。其增长既是因为法律本身在发展，也缘于美国承认判例为法律的渊源之一，案例研究方法则认为“可以通过一系列的案例来追寻法律条文发展”。案例研究法后来在法律、医学和商业教育领域中均获得了成功。案例研究法已发展出一系列方法和原则，其研究内容包括“案例研究设计”“案例选择”“数据收集”“资料分析”和“报告撰写”，并有关于“案例研究设计质量的指标”及该方法“局限性”的研究等。[141]

循证医学重视病案研究。尽管期待有“类型化标准建筑信息模型”作为具体设计的参照物体系，建筑的设计也是不可以抽象地研究的，而总是表现为对具体的工程问题的解答。建筑学研究者一定有过如此体验，理论研究的“文本制作”时节，经常怀念具体设计时的愉悦，建筑师是这样被培养和被职业要求的。“案例分析”既是建筑学的最基本方法，也是建筑学教育的主要形态。

建筑设计案例研究称为“案例式建筑设计的方法”（Case-based Architectural Design）。“案例的使用在建筑的原创性之外提供他人/它案的设计经验，使设计者得以迅速地进入状况、增加设计知识以及扩展设计的可能性。”[110]

案例的研究可发展为一般系统化方法，即由循证而提问，通过提问拆解问题，选择相关案例并分析资料，整理问题的次第和系统，在问题尚没有全部解决之前已经形成了问题域的认知地图。

循证设计的最早案例是关于医疗设施设计的研究。尽管没有直接文本证据表明建筑师在医院设计中从医生那里了解到循证医学的概念，至少国外的循证设计是始于实践的。

在中国，关于“循证设计”的研究，笔者从2006年初接触到“循证医学”的概念开始，便意识到其可拓展的建筑循证设计的价值，面向一般的建筑设计，并立刻将它与绿色建筑和建筑教育相联系；于2009年发表的学术论文《建筑数字化论题之一：终结》（王一平，2009）中，首次正式给出循证设计的描述性定义。后来笔者在美国人的三本关于循证设计的著作中，如 *Evidence-Based Design for Multiple Building Types*（Hamilton，2009），发现了完全相同的表述。因为这些都是从循证医学的定义转述而来的。而 Hamilton 的循证设计视野已经超出了医院的设计。

为建筑循证设计的“案例研究方法”，应有具体的目标并拆解为具体的问题框架。在本书的视野下，案例研究或可分为功能和机能两方面；而无论功能或机能，最终表现为空间的和物质的，才可能成为“可设计解决的”问题并形成具体的设计成果。

## 3.5 循证设计

医学对病体的诊疗是“干预性的”，对病情的发展和诊疗的方案需要预后的判断，判断需要最佳和最新的证据。建筑学对空间的设计是“干预性的”，建筑的设计方案由人的意愿而形成，在没有建成建筑物之前，具有某种程度的猜想和假说的性质，“建筑性能”之完成需要被证明。循证的概念便这样从医学被嫁接到建筑学上。

在信息时代的背景下，“循证”究竟有怎样的全面建筑学价值？

“在每一次的建造实践中，如何能够极大地发挥建筑学的全部技术和人文成就？”这是一个在信息时代建筑学所能够面对和应当面对的问题。

科学方法的价值在于揭示学科内在的结构逻辑性，以及不同学科之间的逻辑同构性，因而科学的总和是哲学本质的同一性。建筑学与医学同样古老，现在同样面临超越学科传统的机遇。现代医学已经通过"循证医学"向传统医学发起了挑战，循证医学的基本思想和人文精神当可资为建筑学发展借鉴。在循证医学的启发下，在建筑学发展的要求下，在对绿色建筑的解惑中，建筑设计需要成为"循证设计"。

### 3.5.1 设计的设问

当社会需要建造的知情权时，建筑师便有义务向众人解释：什么是设计？如何设计？设计什么？设计出什么？这是设计学科及其专业教育的基本问题线索。

"什么是设计"关乎设计的意义，是"设计理论"研究的基础命题；"设计什么"关乎设计工作对象的研究，是建筑学的基本问题中可拆解出的派生问题之一；"设计出什么"关乎设计的品质和行业的价值观，是对现实发展的研究。

职业的建筑师在设计实践中最需要把握的是"如何设计"的问题。

如何设计？答案是：基于证据地设计，循证设计。

再一次参照循证医学（EBM）最新定义的文本结构，建筑循证设计（EBAD，Evidence-based Architectural Design）可以描述为"慎重、准确和明智地应用当前所能获得的最好的研究依据；同时结合建筑师的个人专业技能和多年工程设计经验；考虑到业主的价值和愿望；将三者完美地结合，制定出建筑系统的设计方案"，即建筑的循证设计同样也包括"学科背景"、"从业人员"和"服务对象"三方面。

从医生如何给病患下药到建筑师如何为业主设计，当然不可以简单机械地模拟和移植，循证设计概念的提出启发对建筑设计现象本身的深刻研究，而"循证设计"思想的价值观建立在"设计的研究性"、"建筑的客观性"以及"建造的精致性"三方面的基础之上。

#### 3.5.1.1 什么是设计——设计的研究性

在数字时代的认知背景下，建筑设计本身的行为是一种在时空虚拟状态下的"虚拟的建造过程"。设计与建造之间，不只是在"建筑全生命周期"的时间阶段的次第上相联系，"设计-建造"是一体化的概念，设计是建造信息的加工过程，设计成果是整合后的对建筑物及其运行的预见性信息集合，而经虚拟加工过的信息必须最终是“为人本的”物化（建造）为有形的物质性存在，表现为工程的基本属性。

依据人工科学的有关概念，对有价值目标的工程问题的处理，亦使用无功利的科学研究的方法。现代工程设计的工作方式已经具有了科学研究的某些性质。

建筑的设计需要面对各种复杂的技术与人文条件，通过虚拟的反复“拆-建”（Try-and-error）的研究，以满足约束条件的限制，寻找条件与目标之间的和谐途径，从而解决现实中的建造问题，如此这般便完成了从无到有的转化。所以每一次设计同时是一种理性的、受经济技术限制的、在特定的物理环境中的、为明确的工程目标的、具体的“研究”行为。正如“设计”一词所能显现的，设计是“预设、假设、计算和计划”的全过程，同样表现出“基于初始条件的假设与求证”的研究特征。

在建筑的绿色性目标要求之下，设计职业现在面临的问题是，有关“设计-建造”的“约束条件”更加严格了，如环境友善、能源效率、美学价值、经济伦理、技术优化、材料与构造及设备与结构在建筑全寿命周期内的同步耐久性等。而社会对建筑的品质要求亦愈来愈精致，设计必须完成对建造目标及其过程的全面和理性的预见，“设计”已经超出常规工程信息组织的传统工作内涵。

设计有对象，每一次设计的对象是具体的和唯一的，有具体的建筑空间类型的工程问题，并需要面对具体的项目共同人群。设计的成果也经常被要求是“唯一的”，而不是流于设计常规的技术复制。这时“设计”的概念便转化为对“创新”的探索，有时设计的目标本身也成为设计研究的对象，设计过程则表现为对假设的证据馈集。

绿色建筑要求每一次设计是一次具体的研究。设计的“具体研究”作为对建造信息的处理，包括对“环境控制”以及“环境行为”两方面的研究分野。每一处特定功能类型的房子、组团或街区的“设计-建造”，有其特殊的空间地理和气动环境，尽管已经有建筑设计的一般学科智慧作为设计发生的知识背景。如谙熟人体解剖的外科医生面对某一类疾病的个案患者的时候，需要具体的手术方案一样，每一次建筑设计都应当被视为对一种特定类型的产品的“研发”。

对设计问题的研究受“建筑物全生命周期”概念的引导，并在“设计是虚拟的建造”的认识下，需要在“设计的全生命周期”内进一步拆解问题。

#### 3.5.1.2 设计什么——建筑的客观性

在与医学对象的“相对客观性”的关联类比之中，对建筑设计理解的第一困惑就是设计客体之产生过程的“非客观性”。学科教育传统中，对专业大师的宣传以及对建筑师“艺术创造”的强调，无形之中夸大了建筑物生产的“主观性”，淡化了对建筑现象存在的“客观性”的认识。实际上，在大师的“有机建筑论”中，建筑物应当是从所处的地域环境中生长出来的，已经是关于“建筑客观性”的暗示。

建筑有“物质性”的客观要求。建筑建成物之环境、地域与物候等条件，以及表现在诸如建筑物的材料和构造、空间和设备等建造的应对策略，“建筑物的生产”并使建筑物系统具有“生产性”等，都是没办法回避的物质、技术与经济的客观性，也是“环境控制学”的进一步研究意义。建筑的“机能性”是普遍的和客观的，建筑之“绿色性”观念对建造品质的要求，其中的客观性甚至“规律性”还远没有被工程界掌握。重视建筑物的客观性也为设计行业自身发展的未来目标所要求。

建筑有“社会性”的客观要求。公共环境中的建筑现象，其所具有的“社会属性”及所承当的“信息载体”的角色，反映了建筑的文化和历史的客观性。建筑空间不同于自然空间。自然野生中，群居动物的社会性空间组织，由“个体本身”在种群聚落中的几何空间位置所反映。人类继承动物的空间占有本能。在发明了建筑并组成城市以后，由人工的造物系统物质性地固化了人的意愿、行为要求和社会组织形态，建筑的空间造型和布局系统同时已是隐形的社会形态，如此也是“环境行为学”的进一步研究意义。

必须特别提到，在任何时代条件下，设计主体行为的“主观性”，即设计对象的产生过程之中，由于人的“干预性”因素带来的某些能动的和主观的意识，仍然服从于该历史时代的“客观局限性”。在任何历史背景和具体项目的约束条件下，“创造力”总是有限的，创造力的工程价值在于能够“创造性地解决具体的建造问题”，或许传统设计的新造型创造也是为获得“新的美学价值”，总之不只是为“创造不同”本身。实际上，创造力原是生产力的技术组成部分之一。

即使现代建筑的设计对象和成果将更多地作为工业化的“产品”，而不只是个人化的“艺术作品”。对于建筑设计作品之“客观性”的承认，仍然隐含某种永恒性的“意愿”。而作品的“永恒性”却正是建筑师（无论传统的或当代的）职业所追求的缺省目标之一。作为设计作品的建筑物，其唯一客观性也同时意味着设计的具体研究性。

#### 3.5.1.3 设计出什么——建造的精致性

精致是对品质的要求，最终体现为个人和民族的文明品质，这正是百年前德意志制造联盟的用心之所在。“对质量和数量同样地重视”[22]，使“美”成为一种工业化“生产的道德”，使产品以及服务的“艺术品质”成为社会中互相的道德认同，并以此改变德国民族的气质，这是“德意志制造联盟”的贡献，使落后的德国终于焕发出为全世界所恐惧的力量。重视日常生活的设计品质，是包豪斯的宗旨之一。在21世纪，如果有“中华制造联盟”，则建筑与环境之设计与建造的精致性品质，当是该联盟最重要的主题。

建造的精致性表现在建成物的外观艺术品质上。

对人居环境之建造的精致性的要求，需要多一点想象力，否则对于别人早已经做到的事情，某些人仍在亦步亦趋。在造型和构图之外，建筑物加工制造的精良度，作为一种品质，最终由建造工业的整体水平所保证。在此一阶段之前，设计使建筑“存乎一心”，这一心便是职业的社会理想和职业的平均道德，这道德如何被主流社会接受为“高尚的”？高尚存在于任何一个时代和社会中，总是以“超越主流的道德价值观”作为评判标准。这道德对于设计职业而言，要求通过优良的设计以获得建筑物的“精致性”建造品质。

建造的精致性表现在建成物的内在和谐本质上。

建筑之环境、空间和构筑物是虚实耦合为一体的人工系统，通过精致的设计研究，使空间与造型物之间和谐应对，使建筑系统的运行表现出优良的性能，满足建筑系统之客观性的社会与物质属性要求，从而回馈于高尚社会道德的养成，如此在人类可持续理念下所体现出的“精良建造”的价值贡献，同时也是设计与建造本身的艺能境界。在当下，建筑绿色性观念使建筑设计的内容扩大并且使品质要求更高，而建筑的绿色性品质，隐含着对建筑系统运行的“机能性精致”的意愿。

建造的精致性体现在每一位设计者的职业素质上。

建造的精致性是一种“全社会的要求”。只是设计行业为了自身的生存和尊严而要求精致性设计吗？如果全体业主联合一致要求精致性的价值保证，则全体职业建筑师将如何应对？全体“下课”或者实行强卖强买的行业垄断吗？这算是怎样的一种行为？市场如何能够变成市井？在循证设计的价值观下，为精益求精而需要预后的证据，这也是建筑师作为社会文化创造者角色的基本职业价值观。如此用心，才能使建筑物、建筑系统、人居环境成为有形的物质文化。

如此，建造的精致性需要成为一种全民族的追求。

## 3.5.2 循证的价值

### 3.5.2.1 循证设计做什么

循证医学并不包治百病，循证设计也不数典忘本。实际上，正如临床医生一样，建筑师每天都在实践循证的过程。医学界提出循证医学的理念并使之变为现实，是信息技术发展的结果。互联网的普及使循证医学的真实价值彻底显现出来。循证医学将成为全人类的“整体医生”。建筑的数字技术和信息网络化共享的发展，给循证提供了遍历证据的可能和效率，但这并不是循证设计的本质所在，循证设计究竟能够给建筑界带来什么新价值？

循证设计是一种综合研究。“设计的研究性”揭示设计之“行为”的本质，包括技术最佳组合，地域建筑经验，生态指标制定，空间效率的检验，投入与产出的经济性，产品供应信息，材料的选择与采购，建造企业信息，建筑维护与运行。结合并校正业主的价值和愿望，以使其吻合目标建筑系统本身的客观性要求，等等，都是循证设计的基本行为。循证设计是设计行业新的存在与发生模式，面向理性的、精致的优良营造。

循证设计是一种价值自由。“建筑的客观性”要求职业化的设计行为对其设计服务提供“预后的证据”。当“循证报告”成为设计文件的第一章节，当地域的物候调研成为设计的必要条件，当目标空间中人群的行为经过模拟预测，则设计过程将极大地研究具体的建筑物的客观性，从而缩小由现行“设计规范”的强制性所带来的主观局限性和物力的浪费，使证据大于规范而存在。这既是对行业行为的辩护，也使设计者获得更大的职业自由，从而体现出身为建筑师的社会价值。同时，每一位建筑师都可存在于“人类整体的建筑师系统”之中，都是具有良好的“兼容性”和能动的“独创性”的终端，并以其个人职业工作的经验与智慧的积累，最终回馈于“人类整体的建筑师系统”。

循证设计是一种职业理想。“建造的精致性”要求每一位建筑设计的参与者具有高贵的人格。“做当下的事，为历史负责。”在一个理性的并重视人本价值的现代社会里，人们能否期待甚至要求任何一栋有目的建造的、处于公共环境之中的建筑物都能达到“精致性”的品质？受到时代局限的人们的想象力将又一次受到考验。当有学者呼唤“精致性设计”[9]的时候，同业的建筑师们可曾思考过，未来将在什么样基准的平台上工作，以响应“精致性”的号召？

### 3.5.2.2 循证设计不是什么

循证设计是实践的，所以“循证设计究竟是什么”显然不是一个简单定义就能完全解答的问题，在最早的关于“循证的建筑学价值”的文本中，便首先排除了循证设计的七种“不是什么”。无独有偶，美国人的 *Evidence-based Design for Multiple Building Types*（Hamilton，2009）竟也使用了相同的文本方式，指出“循证设计不是一种产品，而是一个过程”，在回答“关于循证设计的理念的反对声音”时，也作出如下的解释：“循证设计不意味着苛刻的规则和标准”，“不意味丧失创造力和建筑艺术”，“不意味建筑师必须专家化”以及“不意味客户决定一切”。

（1）循证设计不是协同设计。循证设计不是设计组织的简单放大，正如循证医学并不是“专家会诊”。协同设计只是信息数字化技术的“浅表性应用”，互联网的普及直接带来远程协同设计的可能性；但协同设计并不总是可行的和必须的，“设计的意志”经常不可以简单协同，“设计的劳作”原是社会财富“分配的方式”之一，而“分配的机会”本身往往是竞争的直接目的。协同的更大意义在于各专业的整合。

（2）循证设计不是向专家征询设计方案。循证的目的和结果是在学科的最新研究和设计实践成果中寻找适合具体项目设计的最佳证据，而不是由“网络设计中心”提供建筑产品的咨询与设计。具体建筑物的设计总是由一线的终端建筑师完成。

（3）循证设计不是以设计的效率提高为前提。传统概念中的效率问题由数字化的设计工具和管理技术解决；循证设计中，在可持续的观念下，设计的质量先于效率。

（4）循证设计不是建筑师、工程师或设计事务所的独家事。建筑循证设计的价值是有关建造的“整体设计”的全行业行为。

（5）循证设计不是为设计者、官员或者业主的主观臆测而寻找“有利的证据”。循证设计的目的是坚持特定的建筑物之物质与文化、机能与功能的客观性。

（6）循证设计不是屠龙之术。循证设计当可被应用于“任何规模的”建设项目的“设计-建造”过程之中，循证设计追求通过有依据的精良设计以保证建造的精致性。

（7）循证设计不是文字游戏。

中国建筑之传承与发展问题，在整个建筑业被动地现代化的一百年中，已经困惑了几代人。“地摊货”建筑物的生产，一定程度上也因为市井间、作坊里粗糙的“加工性设计”而存在。为他人的设计与建造，需要证据，需要对等的用心。

所以循证设计是有尊严的、有自主知识产权的建筑学学术研究。

#### 3.5.2.3 循证的职业价值观参照

设计行业是技术服务业，建筑设计为营造基本的生活平台而提供技术服务，几千年来古今中外形成了建筑师职业，形成了职业工作传统。在当下面对由全社会所要求的“宜居的建造目标”的时候，如何做和如何做好是不能因循传统而回避的。当把生存环境作为全社会的福祉时，循证设计使建筑设计具有鲜明的“社会参与性”。实际上，“用户参与性设计”已经是这样一种设计-建造模式的实践。循证设计的三要素表明其用心是“基于证据而面向发生过程和对象的”。证据之存在如同法律通过律师而在社会上推行，并获得权威一样，“面对觉醒后的业主需要设计的社会性”，证据的知情是“社会性”之专业的价值。

专业的自足性，除开尊严、自信和虚荣之外，在多大程度上不是封闭式的行业保护，或者如算命先生般故弄玄虚？开放式的行业、接受质疑的态度、提供证伪的机会才是真尊严。

当医学遇到难题时（医学经常遇到），任谁人都会知道医学不是“万能的”。好医生有尊严受尊重，建筑师如何有信誉受信赖？其中共同的价值，循证的伦理，关键是用心。而循证设计新观念的提出毕竟使建筑师的职业价值观和专业尊严受到检验。为什么要经由循证而设计？日常的工程设计服务需要循证吗？有没有时间为设计而循证？

不妨将医疗与建造作一次价值比较。在某一时刻的空间里，是求医问药还是安居建造，是人类经常性的事件？对于某种疗法或医学现象的解释或描述，医学界已经形成“是否有‘循证医学’依据”的话语方式，则建筑师能否有“是否有‘循证设计’的依据”的自觉？医生需要判断医疗方案的“预后”问题，建筑师能否对建筑方案和工程做法、建筑物的功能和机能的设计，作出“预后”的判断并给出判断的“依据”？

在对等的职业价值观的要求下，建筑师需要循证的建筑设计，则医生也需要循证的医学。

### 3.5.3 循证的行为——如何设计

循证设计的观念与循证医学一样，首先表现为行业的价值观，而“方法的研究”和“工具的选择”也总是与“目标的价值”相联系，并最终表现为和谐的行业体系。在价值层面，如果说“设计的研究性”回答“如何是设计”，“建筑的客观性”回答“设计什么”，“建造的精致性”回答“设计出什么”，“循证设计”则依文本次第地回答“如何设计”的问题。除开价值观的讨论以外，与循证医学类似的，建筑的循证设计同时是具有操作性的工作方法和研究方法。

循证设计旨在突破传统的经验性设计，即基于感觉的设计（FBD，Feeling-based Design）。循证设计致力于整合学科进展与行业传统，其所涉及的三个方面的要素，即“学科智慧，从业人员，服务对象”，揭示了设计发生过程的“信息复杂性”，并与传统的经验设计面对同样的问题，即研究如何使无序的信息变成可靠的设计证据。循证设计的行为则更加接近设计的本质。

如何掌握各种类型的建筑物各自内在的规律性，从而恰当地选择空间的基本形态（建筑物功能）？如何能够借鉴各种物候条件区域下的建造解决经验，从而确定恰当的地域性生态建造策略和品质目标（建筑物机能）？如何了解有史以来建筑造型已获得的美学价值，从而尝试“非重复性”的造型创作（建筑艺术）？

循证设计为建筑学自我设问，并通过对循证设计本身的系统性研究，促进学科在新的时代背景中的发展。

循证设计概念的提出，并通过对循证设计原理的深入和系统的研究，促进全社会对建筑学工作方法的认同。循证设计作为设计研究方法，与行业规范平行地存在，既是行业的保护，也是建筑学的理性传播，使每一次具体的设计发挥学科的全面智慧。

循证设计的行为本质上关心的是设计乃至建造过程中的“信息流变”。信息、证据甚至最佳证据，是循证设计工作的基本逻辑线索。从这一点上可以知道，循证作为一种设计方式，渗透于设计的全生命周期内，是设计的日常行为。

在时代背景中，证据的意义以广泛存在和不断泛滥的信息为前提。设计实践需要有效的方法以甄别和确定有价值的设计-建造证据。在已经获得的证据的集合中，依据一定目标的价值要求，需要选择并建立适宜的和基于时效的最优化子集。证据在设计实践中的应用结果，经评价后（已经是对有效信息的过滤）通过文献或案例报告的方式进入新的证据集合。则循证的行为实际上是有关“最佳证据”的一系列工作。在各种公共资源或学科背景中获得证据，处理、储备与传播证据，应用、证伪与更新证据，将是一个循环往复的、超越工程项目的具体设计的过程，而“如何设计”的问题，实际上是对“如何有依据地设计”的简化提问。

在明确了建筑循证设计的价值目标和研究性质以后，参照循证医学的工作方法，从中得到某些启发，并基于对设计-建造过程的观察，而初步了解循证设计的基本工作路线，其中包括网络循证、独立循证、社会性设计和统计学方法等。

#### 3.5.3.1 网络循证

网络循证关乎“证据的处理与传播”，是循证设计中的“学科背景”要素。

循证设计概念产生的一个背景是现代设计信息资源的急剧膨胀和扩散，并且这种膨胀和扩散是超冗余和无秩序的。这是需要理性循证的重要原因之一。

数字化加剧了信息的爆炸和无序。对信息的处理和管理也必须基于数字工具的力量。

“循证设计”如何成为可能？现代的信息处理与媒介技术支持了循证思想的发展。必须承认，没有信息网络的存在，循证的“体系思想”和

“设计方法”也就无从谈起，设计的循证行为也只能继续停留在传统中的原始形态上。“循证网络”的建设将是循证设计方法和设计体系的关键所在。循证网络保存并不断吸纳学科智慧，缘于一个开放性的系统。这个开放的系统是循证设计的物质与精神基础，而网络循证将是循证设计思想中最具有实践意义和可操作性的部分，甚至是循证工作最经常性的平台。

设计过程中的信息流变已经无法回避网络资源及其数字形态，网络循证贯穿在循证设计的全部过程之中，从设计的初始阶段到最佳证据的寻找，从结果的系统评价到设计深度的发展等。在设计的全生命周期内，无论证据的检验、最佳证据的生成还是最佳证据的创造性运用，都离不开网络循证。需要指出，在工程设计的实践中，最佳证据经常是一个集合。最佳证据不意味最终选择，而选择本身应当是创造性的，正如规范不提供最佳设计。

“网络循证”和“循证网络”是循证设计的重要构成要素。网络的物理存在、网络的技术发展、网络的文化背景、不断涌现的新概念（如“云计算”）及其商业化（意味着应用成熟）都将成为循证网络的资源。实际上，网络技术的体系结构原本存在着现实的物理（或行为）模型，如星形网络结构、局域的点对点结构等。而循证网络更可以提供信息资源的 BT 种子，扩大信息的共享水平，使设计过程中信息流变的现实发生过程固化为网络的构成与管理体系之中。网络的存在已经是不可多得的“天然”资源，只待建筑学开发和利用了。

发展“循证设计”的重点之一是“循证设计中心”的建立。建立循证设计信息中心，处理来自设计实践和研究机构产生的专业信息，成为专业整体智慧；通过网络技术使信息共享，建立专业信息的处理、分类、关联、评价和传播的体系与工具。

同时，由建筑科学研究院或情报研究所等权威性机构编辑出版的《建筑学文摘》，作为循证设计的推广性刊物，使信息数字化的成果不只是提供个人化的、微观的设计工具，而是建立起与行业整体相联系的、在学科与社会的宏观背景下的专业知识与评价网络，从而具有学科整合的意义，并实际地促进“设计的社会化”。

#### 3.5.3.2 独立循证

独立循证关乎“证据的运用与产生”，是循证设计中的“从业人员”

要素。

循证设计鼓励个人的创造性。一线的终端设计师是循证设计体系中最能动的部分。设计方案总是经由设计者的具体设计而得到，一般性技术措施的证据也产生于运用中的经验。建筑师的传统工作已经是一种“独立循证”行为的雏形，进一步可自觉地表现为“原始证据的产生”和“证据样本的汇集”。

建筑之设计需要依据。在现行的“设计说明”中，设计的依据是获准设计的文件批复、笼统的一般性设计规范和常规的材料做法等，而传统的工作模式最终只会给出建筑物的常规重复性建造依据，一定程度上使设计变成普通智力下的简单劳动。而绿色性目标和精致性品质要求做有依据的设计，甚至要求对设计方案作出预后的判断，这便需要设计者明确地建立起“独立循证”的意识。

如果“网络循证”代表“学科背景”的意义，以“循证网络”作为网络循证的技术支撑，则网络形态的信息意味着他人的经验作为一种间接知识而存在并可共享。网络本身亦可被视为某种通用型工具，网络信息多于纸质书籍和期刊的信息，并有实时的功效。网络的存在使每一个人能够要求获得依据。在“循证医学”的各种研究和教育文献中，便有大量的篇幅用于对网络资源的“独立使用方法的介绍”。这也将是循证设计发展的主要内容之一。“独立循证”的提问方式和检索方法与“循证网络”建设是平行和互补的工作。

证据的“使用者”同时也是证据的“提供者”。传统的设计研究积习中，每一次工程设计的经验与教训只是慢慢地积淀为设计者的某种专业“感觉”，至多在方案介绍性的文字中作一些“建筑文学”性质的描述，没办法上升到一般学科智慧或者转化为设计的“新证据”。

传统的建筑学仍处于自身“现代化”的进程之中，学科的“整合”如何并且何时才能够完成？在每一次具体项目的工程设计中，需要“慎重、准确和明智地应用当前所能获得的最好的研究依据”。同时，使设计经验和技术措施经过可靠方法的处理之后，成为新的“证据”参照物，是独立循证需要完成的任务。

在循证设计的观念下，如何才能“结合建筑师的个人专业技能和多年工程设计经验”？首先需要对“经验”的意义有足够的理解。以个人的从业经历获得职业的经验，包括对原理的理解、对规则的熟悉、对案例的实践，甚至含有对情感的体验，其中最重要的是形成“圆融的能力”，集中地表现为能够敏感地“预见和发现问题”。所谓“综合性”的经验意味着“对相似性的预见”，能够在不同之中发现相同，从而寻找证据。

#### 3.5.3.3 业主的价值

循证的行为是经验的升华，面对具体问题时，不埋没设计者个人的才华。但是，设计不仅是设计者个人的才艺展示，具体设计也不仅指有名目的工程，而是为具体人的服务，包括决策者、投资者、拥有者和使用者。“设计”在这里正与做任何事情一样，既不能想当然，又需要想象力。

设计是具体的。设计方案常常遇到多种选择的困难。难以选择不意味着不选择。有经验者也经常在各种可能性中选择和权衡。一般而言，专业技术设计相对不容易妥协，而各种人文的因素，包括历史的、社会的和专业服务对象的要求和意志，需要全面并深入地协调。实际上，医疗也并非全“技术的”，尤其体现在当面对具体的患者及其价值要求的时候。循证医学的医疗决策“考虑患者的价值观和意愿”。循证设计宣称是“面向对象和过程的”，来自业主的具体价值要求应作为依据，也是宽泛意义的设计决策的证据。

循证设计“考虑到业主的价值和愿望”，是“以人为本”的延伸，却仍不可以望文生义。设计的对象有层级，建筑学的“以人为本”不是笼统的，器物（如家具）是“以人体为本”的，住宅“以家庭为本”，住区“以社区为本”，医院“以病患为本”，学校“以教育为本”。空间的使用者对象不同，设计产生的方式也不尽相同。建筑设计决策本身的选择依据是“辨证施治”的，也是循证设计需要正视和研究的内容。

辨证施治是具体的。在建筑设计中，方案决策的选择，即使在理性的环境下，仍体现设计者的个人因素。而循证的意义是在设计预后与业主的意愿之间做出“合理的”选择。实际上，任何评价性的信息总带有评价者的价值观和观察水平，某种程度上，是“主观信息”；而建造的物质客观性又需要社会广泛认同的“客观信息”；在主观意愿与客观能力之间，总会有某些矛盾，便是“理性”存在的价值，也是循证设计三要素之间协同作用的意义。

重视业主的价值不意味着对单方面的主观意愿无条件、无现实依据的满足，而是能够将问题转化为对具体设计的研究。在“考虑到业主的价值要求”时，有专业训练背景的、有经验的建筑师是被需要的，而建筑师这时的身份是矛盾的协调者。

实际上，在任何时候，以设计者的人文素养和专业修养为标准，总有“高中低”三种水平的服务对象和工程问题。在建筑师与各种服务对象一起为具体的设计项目工作的过程中，建筑师经常是社会的“教育者”，每一次设计都是一次“建筑初步”的授课；同时，建筑师也是社会生活的“小学生”，每一个“业主”都是建筑师的设计专业课教师。从这个意义上说，业主和建筑师都是新的建造依据的创作者。

### 3.5.4 研究的预见

学术研究始于直觉地意识到问题，即禅宗之所谓“起疑”。使用概念并叙述问题的含义，定位该问题在学科体系中的次第，论证其价值和困难，仅作为提出问题的第一阶段。进一步的研究，则需要拆解问题的框架并预见其可能的研究方法。

不妨说，传统建筑学命题框架内，学术空白已经不多，甚至传统理论的范畴也难以刺激研究。而建筑数字化的进展提示了建筑学数理方法的可能性，可以对建筑学和建筑设计作“硬性”的研究。在本书的视野下，由CAAD而延伸出的EBAD，即“循证设计”其自身的研究，将是一个学术金矿。

但是，学术概念的价值不能仅仅停留于“道德和情感”的水平上。学术性命题研究必须有其自身的“构成逻辑、现实价值和发展方向”，才能够在一定时期内，获得“可持续地生存”的生命力。

在本书的写作中，不断地出现一些在过往的文献阅读和接受专业教育的过程中甚至在充任专业教师的职业行为中，不曾经验过或意识到的对专业问题的“理解”。这些理解在本书中变成一些语句，算是循证研究的某种副产品，并有某些思维方式或观察方法形成。其中“归零的假设”是本书中出现几次的“观察方法”。典型的观察方法便是“建筑史佯谬”。

这样一种归零的建筑现象学——“假如人类的文明中从来没有建筑现象”，可使我们重新认识“建筑物”现象的本源。“而现在因为某种原因需要有‘建筑物’这样一种存在”，需要“重新发明”建筑学，“研发”作为空间和能量容器的建筑物产品，则使“证据”立刻成为具有生产力价值的信息形态的建造资源。

与“归零假设”对偶的是“历史主义”。当追究历史渊源的时候，会知道现存的现象不是“唯一合理的”。因为所谓本质或本源经常会在过程中被忘却。存在现象曾经的发生机制与现实的发生过程比较，亦知道“新目标”原来是本源的目标。而“假如”从来没有过古典的或传统的建筑学，现代建筑学的产生机制和构成形态将是以现代认识水平和技术能力为基础的，并可促进认识的深入和技术的拓展。

循证的价值不是只在信息时代才可以理解。循证设计却是在数字化的技术观念及其实践背景下提出的问题。建筑学一向是拿来主义的，建筑循证设计自身的研究和发展需要立足于全社会的认识水平和科技能力的进步。在全社会全新的建造目标要求下，既注意到现代科技成果的新进展，不断地采用新的相关技术方法，又借鉴或引入曾经忽视的方法、知识和概念。这是信息时代建筑学自身发展的机遇。

### 3.5.4.1 统计学方法

在现阶段有关循证设计的研究不是为理论的完美，而是为现实的应用价值，而依循证设计的观念，为“最佳证据”的获得，需要“数理统计学”的建筑学研究。

数理统计学是“证据的总结与获取”并进行“可靠性检验”的基本方法之一。统计处理的目的为证据的实证、证伪、积累和传播。统计学的应用使“循证设计”与 POE 相联系，而经证明可靠的统计学方法亦可经简化后引入“设计评价”之中。

受循证医学的启发，循证设计的“证据研究”也将是一个循环往复的渐进过程，包括：①有关设计问题的形成与提出；②相关文献资料的查询；③文献资料的评价与综合；④运用研究结论指导设计决策；⑤对整个工作的总结和评价等。这些都是需要进一步拓展研究的工作，其中包括统计学方法的应用。

在循证医学中，统计学方法已发挥了重要作用，其中对若干个同一研究内容的“随机对照试验”（RCT，Randomized Controlled Trial）或“非RCT”的临床研究，通过统计学的方法，将各个研究工作的“可信度质量”计为分值，进行再分析得出最后的综合结果，叫作“荟萃分析”（Meta-Analysis），即拉丁文直译的“后分析”，可以提供与一般文献综述不同的、有数量根据的综合信息。类似于“荟萃分析”的报告在建筑学和建筑设计（案例）研究中鲜有报道，统计学方法的引入将促进专业研究方法的科学性，提高设计证据的可靠性，并可能改变建筑学写作的文本方式。

与循证医学类似，基于经验的建筑学和设计是传统建筑学的基本工作状态。统计学以原型状态隐含于建筑学的研究中，如建筑类型中的典型行为或者主流关系具有统计规律，否则不能成为某种“类型”。设计经验也是一种模糊的“统计”水平，工程规范在应用中，是在有具体“案例”的参照系下，如法律条文的实践适用原则。更加一般性的证据研究包括实验研究、问卷调查、文献研究、案例研究（尤其是多样本案例的比较研究）、数值模拟与分析、多元因素在具体设计中的权衡方法等，需要更严格的和可靠的方法。对预后问题的研究，如预后的提问项目本身和 POE 结论的分析等，由具体案例的研究（Case-based Study）而发现问题，问题本身的提出需要类似盖洛普（民意调查）的前提。

建筑学的统计学是对建筑设计的一般知识和具体证据的处理，有关证据的获得。“建筑统计学”将研究具体对象在功能和机能的框架下拆解问题。建筑统计学的研究有许多空白，与传统中对建筑学的提问方式有关，则建筑统计学仍是对建筑学自身的研究。统计学应用已形成数据库及数据统计分析的数字工具（如 SPSS 软件）。有效的建筑统计学方法及其工具的研究也是建筑数字化的任务之一。

已经有业内的有识之士提出对统计学的重视，一些大学的硕士“建筑数学”课程中即包括数理统计学内容。不妨说，在实践中，建筑学对数学的态度也考验建筑师对科学常识的认识水平。建筑师对数学的重视使建筑学和建筑设计工作的智力水平不被日常积习降低。敏感的建筑师和专业教师会知道，“空间想象力”和建筑物系统的综合设计能力是对有关空间复杂信息的逻辑分析和计算的能力。

实际上，数学与哲学一样，在其自身的研究之外，是为所有学科准备的。数学是为数学的目的而建立起的方法。一般认为“数学是精确的”，实际上，数学是为了精确而发展出的手段。如“弗晰（Fuzzy）数学”不是数学又变模糊了，而是用数学的方法解决模糊问题。数学建立直观的尺度单位，而度量之下却知道曾经以为圆满的原来是复杂的和无穷尽的，便如直径与圆周的关系。在数学中，π 的值也是可以通过统计方法获得的。数理统计学（Mathematic Statistics）正是为统计的需要而发展出的数学方法以及为统计学本身的相关数学的基础研究。

在英语中，统计学（Statistics）一词由State（国家）衍化而来，原意指由国家收集的有关国情的资料。数理统计学研究如何有效地收集、整理和分析带有随机性的数据，以对所考察的问题作出推断或预测，直至为采取一定的决策和行动提供依据和建议。[143]

用数理统计方法去解决一个实际问题时，一般有几个步骤：建立数学模型，收集整理数据，进行统计推断、预测和决策。在数理统计学应用中，以上几个阶段都有相当丰富的理论研究和实践经验，某种程度上，揭示了事物存在和发展的内在机制。数理统计学是现代科学和工程技术的最重要的“工具箱”之一。

建筑学的统计学应用中，当可使用一般或定制的数字工具。工具原理的可靠性由数理统计学提供，而软件工具实际上也是简化的数学方法。循证设计需要统计学研究，却不是因此把建筑学的统计学研究意义统统归于循证之下。

作为一次“研究的预见”，不能全部拆解在建筑学中统计学的引入和发展的具体内容。保持思考的压力，也是为未来的研究预留一片天地。

但是，如果最终不能提供有效的“建筑统计学”方法，循证设计就将是胡说八道的。

循证设计的研究作为一种学术命题，从其概念的产生之日起便面临着这样的“危机”，而在“危机”字样中，也意味着“危险”与“机遇”同在。循证设计后续工作的方法研究将集中于对建筑学的统计学方法的研究，并且需要“应用数学家”的合作。用数学的方法观察、研究和处理建筑学问题，需要有建筑师的主动的和主导的作用，而不是坐等数学家的建筑学研究论文。

#### 3.5.4.2 数据挖掘

在人工智能的研究领域，数据挖掘（Data Mining）又称为“数据库中的知识发现”（KDD，Knowledge Discovery in Database），亦可理解为“对数据库中知识发现过程的一个基本步骤”。

知识发现与数据挖掘相联系，其过程可由三个阶段组成：数据准备、数据挖掘、结果表达和解释。它与建筑设计的一般过程类似。

“数据挖掘”引起信息产业界的极大关注，主要原因是，现存大量数据可以广泛使用，并且迫切需要将这些数据转换成有用的信息和知识。获取的信息和知识可以广泛用于各种应用，包括商务管理、生产控制、市场分析、工程设计以及科学探索等。

“数据挖掘”利用了如下一些领域的思想：①来自统计学的抽样、估计和假设检验；②人工智能、模式识别和机器学习的搜索算法、建模技术和学习理论；③最优化、进化计算、信息论、信号处理、可视化和信息检索等专业领域的思想；④计算机科学起到重要的支撑作用，如需要“数据库系统”提供有效的存储、索引和查询处理支持，高性能“并行计算技术”在处理海量“数据集”方面的能力，“分布式技术”在数据不能集中到一起处理时对海量数据的处理等。[144]

数据挖掘之理论与实践已经发展出具体的工作目标、工作方法和软件工具，并在不断自我发展和更新。

数据挖掘与数据仓库（Data Warehousing）相互融合而互动发展。一方面，数据挖掘和数据仓库协同工作，可以整合和简化数据挖掘过程中的各重要步骤，提高数据挖掘的效率和能力，确保数据挖掘中数据来源的广泛性和完整性；另一方面，数据挖掘技术已经成为数据仓库应用中极为重要的工具和相对独立的研究分支。

数据挖掘不只是“信息检索”。我们已经能够隐约地认识到该方法对于建筑设计之证据获得与处理的价值。如对各种“规范”的使用（规范已经有数据仓库的初级意义），当同一问题的多个规范条目同时存在时，适应性的判别或为“最佳证据”的选择，已经大于规范数据的单纯“信息检索”（Information Retrieval）的意义。在个案的分析之外，要获得最佳证据更需要对多样本案例进行综合分析，能建立各概念、主题和问题之间的关联。这个过程需要建筑学的数据仓库。

实际上，建筑学的信息存在于多种形态的媒介之中。标准图集、规范、材料和设备样本等可作为建筑设计的背景信息资源；某项工程的一整套方案或施工技术文件，包括图纸和文本，也已经形成一种“数据仓库”，也是 BIM 的更完整意义，其中包括建筑学知识的应用，对工程技术和建筑学问题的解决证据等；甚至文学性的建筑游记亦可扩大对建筑成例的研究和理解。

与数据挖掘类似的，更有“基于文献的知识发现”[146]的方法，更准确一些，是“基于非相关文献的知识发现”。该术语于 1986 年由 Swanson 教授提出，目前尚无完整的定义。根据 Swanson 历次发表的论文，可将基于文献的知识发现含义归纳为："从公开发表的非相关文献中发现某些知识片段间的隐含联系，并在此基础上提出科学假设或猜想，引导科研人员进行攻关或实验，从而发现新知识。"

所谓"发表的非相关文献"，指两篇或多篇公开发表的文献不彼此引用或不共引其他文献。"知识片段"指知识单元或知识单元集合，所提出的"科学假设"只是一种推测，尚需实验证明方能生成新知识并为学界认可。该方法产生的背景源于"知识裂化的加剧导致文献中隐含的关系不易被发觉；某专业领域的信息可能对其他专业领域有价值，而这一事实却无人知晓"等事实。"基于文献的知识发现"方法已开发出数字工具。

以笔者对循证医学的粗浅理解，知道其起源与医疗证据的文献检索有关，进而拓展出一系列对证据问题的系统研究。其中，统计学应用与（某）证据的"独立"产生相联系；对文献、文摘和网络资源的利用，是为（某）证据的"有目的"检索。总之，面向具体的或明确的问题的解决方案时，"数据挖掘"和"知识发现"却可在既有"数字化"知识和数据中建立起曾经未知的有价值的关联。

在有限的资料中，尚没有注意到循证医学采用了诸如"数据挖掘"和"知识发现"等数字化信息处理方法。实际上，笔者已经不太关心循证医学的问题，也仍愿意相信循证医学的研究已经对相关问题有所反应。重要的是建筑学自身的问题。对于循证设计的研究，能够及时地观察到世界的新发展，领悟到新技术、新思想对建筑学当下问题的意义。

美国人已经有 *Design Informed: Driving Innovation with Evidence-Based Design*（Brandt，2010）（中文书名或可译为《司空见惯——创新于循证设计》）一书正式出版，其中第二章即为"建模、模拟以及数据挖掘"（Models，Simulation，and Data Mining）。[120] 没办法抱怨美国人学术研究的进展太快，却至少能知道对有关循证设计一系列问题自主研究的紧迫性。

### 3.5.4.3 知识管理

循证设计的基础理论研究需要引入有关"知识"问题的一系列研究成果，并在如信息、知识和证据等概念之间建立明晰的逻辑关联，从而明辨证据的意义。

在对知识的系统研究中，有噪音、数据、信息、知识和智慧的概念分辨，可作为对知识演进水平的描述，其中并存于双向转化的机制。[152] 如

"从噪音中分拣出数据，数据转化为信息，信息升级为知识，知识升华为智慧"是信息的产生、管理和运用的正向过程。我们所关心的证据发生于当一般性的知识和相关的具体信息，在为具体问题的需要而引为行为依据的时候，即证据原具有一般知识和信息的属性。另一方面，当信息达到一定丰度之时，冗余的、畸变的、不可溯源的信息也同时衰变为噪音背景，如"从智慧传播为知识，从知识普及为信息，从信息衰减为数据"。而孤立无源的纯粹数据失去了关联语境，最终蜕变为有时有害的背景噪音，进而增加证据获得的各种成本。这正是"循证设计"概念提出之时所忧虑的现象之一。

在"人工智能"学科中，对知识的研究发展为对"知识工程"(Knowledge-based Engineering) 的探索，其研究的主要内容包括"知识的获取""知识的表示"以及"知识的运用和处理"三方面[153]，是"专家系统"开发的基础研究，在问题结构上已经与"循证设计"所关心的命题是相似的。而就"建筑学知识的存在状况"而言，知识工程的方法和成果可资建筑学自身学科研究的观察方法所借鉴，在"建筑循证设计中心"(如 Cochrane 循证医学中心) 的建设中亦将发挥方法和技术的支持作用。

在"知识经济"的社会发展趋势背景下，"知识管理"的生产力价值受到重视。知识管理 (Knowledge Management) 的目标为实现"显性知识"和"隐性知识"之共享提供有效、可靠和持续的途径，即通过在机构中建构既量化亦质性的知识系统，集成组织中的信息与知识，并基于获取、创造、分享、整合、记录、存取、更新、创新、反馈等机制，以组织化的智慧提高机构的应变和创新能力，形成不间断的知识系统的累积，使个人的经验与组织的知识循环发展为组织智慧，以形成持续的生产力之智慧资本，则知识管理有促进"价值转化"的意义。[154] 知识管理大于知识的运用，与知识系统的形成有关。知识系统可以是机构的也可以是行业的。知识系统及其管理机制是循证设计的基础，知识和设计研究在面向具体工程对象中成为证据和预后集合 (方案)，知识 (作为隐性证据) 首先需要充分存在并被有效管理。而循证设计之对象行为的研究，不是为"个体的建筑师"所准备的。这也是在对循证设计本身的不断深入研究中逐渐清晰的认识。建筑设计企业中的知识管理问题研究，已有《建筑工程设计中的知识管理》(季征宇，2008) 一书出版。[157]

### 3.5.4.4 可视化

可视化（Visualization）是计算机图形学和图像处理技术的应用，即将数据转换成可在电脑屏幕显示的图形或图像并以之进行交互处理的理论、方法和技术[158]，其研究涉及计算机图形学、图像处理、计算机视觉、计算机辅助设计等多个领域，成为研究数据表示、数据处理、决策分析等一系列问题的综合技术。

"可视化"由计算机图形技术的发展而被提出并受到重视，在CAAD领域也多有人研究。但是，对于建筑学而言，可视化却是一个古老的隐形话题，如建筑美术早已是建筑设计的可视化技术。

在本书的工具论研究中，已经多次提到"可视化"的概念，工具的可视化水平原是工具系统演化的最基本特征之一。从模型、图纸、CAAD制图工具软件到BIM，设计工具系统的发展均伴随着可视化的进步。可视化是建筑设计传统的工作方式，其所设计的对象及其结果要求过程是直观可视的。设计的过程所被辅助的工具系统不是尺规图板，而是具有信息价值的图纸。二维图纸隔离无关数据，减小设计计算以及空间还原（读图）时的运算量。图纸系统是设计语义的直观表达，即可视化的意义。而"读图"也是有境界的，图纸中包括工程图学、房屋学、建筑学和类型学。

现代工具软件对语义的可视化组织方式，以建筑物形态化构件要素的方式表达，其中亦有某些隐性的图形语言规则，如工程图学的研究。

图纸系统作为设计工具之可视化，首先是房屋（学）的象形化符号抽象（实），建筑学和类型学隐含其中（虚），是高级的专业境界可以在图纸中体会到的情感。可视化同时带来设计的操作性趣味，而可视化操作的方便和效率，或与人脑对空间的识别、记忆和计算能力的局限有关，需要认知心理学的进一步研究依据。拓展一些，在文本水平上，非图形的设计研究，如"知识阅读"和"概念加工"当有类似的情形，知识可视化操作的一般抽象价值，其对概念、知识和文献的可视化管理的意义，亦是循证设计之于证据处理的要求。

"工具可视化"与"知识管理"是直接相关联的问题。概念文本、专业知识的可视化网络是知识可视化管理所重视的。"知识"已是概念之间的连接，或者经概念之间的连接而形成的与现实相关的语义（这里暂不讨论概念之由来）。而知识可视化则是概念连接的直观表达，通过知识管理的可视化工具，使概念不停留于孤立文本而是在语义环境（Context）中形成“可直接呈现的”具体意义，其中有证据的挖掘。

知识的可视化管理是学科知识的可视化存在，其中如证据与问题之关联管理、证据之来源管理、资料文献管理、对证据的挖掘和组织等研究，以及对引用和操作效率的技术研发等，都是对循证设计中心的用户端人机界面的基本技术要求，亦是对能量驱动的、可记忆的和动态呈现的数字化设计工具之可预期的潜在效能的信心。

#### 3.5.4.5 反求工程

反求工程（RE，Reverse Engineering）也称为逆向工程、反向工程，是指用一定的测量手段对实物或者模型进行测量，根据测量数据并通过三维几何建模方法，重构实物的CAD的数字模型，并在此基础之上进行产品的设计开发及生产的全过程。由形态反求出的产品能够工作时，前提仍是形态及其系统中固化了某种机能或机制。

反求工程类似于反向推理，属于逆向思维体系，以社会方法学为指导，以现代设计理论、方法和技术为基础，运用各种专业人员的工程设计经验、知识以及创新思维，对既有的产品进行解剖和分析、重构和再创造。在工程设计领域，反求工程也具有独特的内涵，是“对设计的设计”，所谓“再创造是反求的灵魂”。[147]

反求工程技术是测量技术、数据处理技术、图形处理技术和加工技术相结合的一门结合性技术。反求工程方法也已开发出相关的数字工具。实际上现代工程设计过程中，数字化技术已经是最基本的前提。

反求工程将数据采集设备所获取的实物样件表面以及内腔数据，输入专业的数据处理软件进行处理，在有数据处理能力的三维CAD软件中完成三维重构，复现实物样件的数字化几何造型，并以此进行原型的复制、修改或重新设计。该方法主要用于对难以精确表达的曲面形状或未知设计方法的构件形状进行三维重构和再设计。

反求工程有一系列应用领域。缺少设计图纸或没有CAD模型时，在对零件原形进行测量的基础上形成零件的设计图纸或CAD模型；需通过实验测试而定型的工件设计，如经风洞实验而建立的产品模型，可采用反求工程的方法确定最终设计数据；修复破损的艺术品或缺乏供应的损坏零件等，可借助反求工程技术抽取零件原形的设计思想以指导新的设计。这是由实物逆向推理出设计思想的一种渐近过程。

反求工程是一个从“实物样品”生成“数字化信息模型”的过程，反求工程与数字建模技术相联系，也是建筑设计中经常发生的行为。而在建筑设计过程中正式引入反求工程的方法，可扩大对建筑作品的设计理解和运行状态的研究，为建筑构件设计的实物方法（如“直接模型法”）提供后续的技术支持。

绿色建筑意义下的建筑物的反求工程最终是对形态系统的机能研究。实际上，现代飞行器对飞鸟的反求不是形态的，而是内在的空气动力学原理的。建筑学的反求工程，无论对于建筑物成例或者自然现象，不能仅停留于“形态模拟”，重要的是发现形式所固化的“机能”目的，使建筑仿生学是真正的仿生[3]，而不只是仿形。

#### 3.5.4.6 设计的社会性

对数理方法之外的循证设计的深入研究，宜包括“工程系统论”“设计史”和“设计的社会性”的命题等。“工程系统论”的研究是对象研究。建筑学的“工程学”研究成分是循证设计的理论基础之一，是基本的立场或基本的认识方法。工程的系统观念可以使我们宏观地理解建筑学的发生行为，以及有关学科认识的问题层级的意义，以了解所发现的问题在系统框架中的定位（系统是有层级的）。“设计史”的研究是主体研究，在循证的观念下，需要研究“循证的历史线索”。循证是一个主动的行为。相对于建筑史研究，设计史在这一点上是对“人的因素”的研究，尤其是在狭义的设计发生过程中，人（设计者）对作品的干预。

作为一种由对循证设计的理解而派生的“预见”，如果设计的社会性能够成立则继续研究设计中人（职业共同人群）的行为，有关于证据的需求、产生、运用和传播的循环过程，不限于传统行业内部讨论问题，还包括有关建筑师职业伦理观念探讨。设计的社会性是信息时代设计研究的新视野，其中包括建造的社会性、业主的价值、执业建筑师、职业实践的国际间认同等一系列相关问题。

形成规模的建筑文化（城镇）尤其是文明社会的基本平台和表征之一。一般建筑空间及其各种相关机电设备一如道路和车辆的关系，而道路则有毋庸置疑的社会公共性。条条大路通某地。道路的出现（无意识地）甚至可能先于建筑的产生。

道路是空间的原初形态之一。建筑学之“流线”概念原是“空间”概念的变体。在建筑物之外的空间流线即成为各种等级的“道路”。道路的设计-建造与建筑相似，同样有策划、选址、流线、景观、防灾、无障碍、材料、构造、设备、施工、养护；对道路的使用有比建筑物的运行更清晰的规则，正反映道路系统的社会性发育水平；道路是有偿使用的；使用道路也不只为交通运输，而有运动娱乐的成分；当与功能和交通技术相联系时，道路也分化出多种类型，巷街路道各不同，有轨无轨皆行车。

车辆乃是典型的能量驱动下的（运动型）空间设备，车辆是辅助交通的。就其发生过程而言，房屋建造业与车辆生产之机械工业不同，房屋建造业更多地与道路建设类似。但是，在车辆基本机械型制（如悬挂系统的底盘设计）形成以后，在有关行驶的各总成之外，仍有车体空间舒适度和安全性设计，对外形采用空气动力学模拟（对于建筑设计是晚近的事），伴随性地发展出工业造型的美学价值，其各项性能指标（如气体排放）要符合某权威机构的标准等。这些与建筑设计是相似的。

重要的差别却是，汽车行业整体的设计-生产过程中的工业化的车间制造水平，包括各级工序（物料和零配件）之间的数字化信息传递方式以及对设计品质的保真，可以保证其产品的工业化机电制造的质量品级，其产品的产业化亦能够保障稳定地维持服务水准，新产品升级换代又可及时地进入社会生活。

以车辆设计团队对空间的研究和指挥制造的能力（尽管车辆的空间是相对单纯和初级的，其空间的设计仍有人体工程学的依据），当社会需要依赖这些人重新发明建筑物的时候，或者当其了解到建筑物设计-建造的真实过程，并与其所熟悉的工业过程相对照以后，尽管房屋建造和车辆制造都是对社会工具的生产，尽管建筑物的生产也早已经不是个体化（仍有很大程度的手工制造成分）的劳动组织形式，但是，建筑产品设计-建造“有时在某种程度上缺乏理性依据的设计、产品性能相当长时间停止发展的事实、某些元件的性能与系统整体性能之间可能缺乏足够的联系的隐患、建造信息的无序流变和也许5毫米级的建造精度”。此时，建筑师如何能够为汽车（或者更加复杂的“运动型空间产品”，如航天飞机、航空母舰或者有轨动车等）的设计者（团队）设计-建造“非运动型空间产品”？

这是业主的觉醒。广大的业主将不断觉醒，业主原是建造的主流成员。社会也是“广义的业主”，建造是社会性的，要求“设计的社会性”；

随着数字信息的广泛存在和传播，建造信息的"知情权"的扩大，要求"设计的社会性"；绿色建筑是全社会性的事业，需要调动全社会的智慧和力量，要求"设计的社会性"。

对循证设计三要素深入拆解，其中隐含"设计的社会性"的要求。

一方面，业主有价值的诉求，所以有"定制建造"，解决每一个人的问题；另一方面，业主对设计-建造亦有积极的作用，所以有"参与性设计"，每一个人参与解决问题。建筑师需要为设计向业主调研，业主和使用者实际上代表社会对建造的要求。尽管业主的想法经常是不明晰的甚至是凭空想象的，至少建筑师不是引导建造发生过程的全部力量。

世上原本没有路。原始的道路由许多人（使用者）踩出来，后来才出现专业的设计者和施工者。道路系统中显要的节点如桥梁，可能有著名的设计家。道路本身虽然很少被视为作品（除一级方程式赛车场外），却不能抹杀专业设计的存在价值。

世上原本没有建筑师。建筑师便来源于业主和使用者，由其中的精英和受过专业训练的专才组成。自建筑师职业形成以后，每一位建筑师能动地承担一线的设计实践的任务，不因为每一次工程设计不一定能够成为作品而放弃工作。建筑师仍是主导建造的重要力量。

世上原本没有建筑学。社会性的建造在历史中形成建筑学科及其理论和方法。学科、理论和方法由历史的经验组成，经验是弱统计水平上的证据。循证设计是对证据不断证伪的过程，具体的设计依循、检验并提供证据，独立循证获得新经验，从而有证伪的可能。

证据又总是与目标相关联，正如莱特曾说过的，在美国盖房子"是对美国人民的研究"。循证使设计真正地、明确地具有了研究的性质。

传统中，设计证据或隐或显地储备于建成物，数字信息化的证据，其产生与传播，也必然是社会开放性的（如软件产品的代码公开）；设计-建造的社会性要求证据的可质询性。实际上，POE 由建筑师完成，正是自行"举证"的行为，并且是对学科发展的研究。

学科的发展需要自觉的开放性，需要对设计的社会性的认同，而只有是不断开放的，才可能在某阶段上是自足的；开放的前提，是对证据的尊重。证据的传播使建筑学进一步成为显学（社会公共性）；证据的开放使专业本身得以发展并自我保护；学科的发展保护其从业者，每一位建筑师为学科的发展也是能动的。

世上仍然没有绿色建筑。

信息时代是一个广泛觉醒的时代，数字化技术使信息超冗余地、海量地爆发。证据相对于信息而存在。从知识中找寻证据从而判断最佳证据是一项成本昂贵的工作。绿色建筑的设计原则或方法远没有形成，而社会对建筑绿色性建造的要求是不可逆转的。

“社会的需要比十所大学更能促进技术的发展”，绿色建造的“技术措施”需要由设计实践和实验研究归纳产生，而不只是一味地等待理论和实验室研究成果的转化。建筑设计的一线研究最直接地发现问题，并积累着专业智慧。

建造的新问题和建造体系的新需求使当代每一位建筑师平行地承担发现的义务。必须重视每一次绿色建造的经验，正如寻找地外文明的“SETI在家计划”[165]。方法本身决定结论的可靠度和效率。循证设计的方法正力图提供这样的研究平台。

建筑学不只有绿色建筑的问题，也不是只有绿色建筑需要证据。

建造的社会性要求建筑师高尚的职业价值观、积极的社会理想、丰富的人文情怀以及先进的技术理性。如何才是理想中真正意义的建筑师？不妨说，文本中理想建筑师的价值乃是群体的社会角色的意义，对于现实中某位建筑师个体，则首先是实践的职业主义的。

在建筑师职业主义的意义下，当与国际“接轨”的时候，循证设计的思想符合《国际建协职业实践委员会（UIA-PPC）的职业精神原则》，即专业精神、自主精神、奉献精神和负责精神，其中“自主精神”中即有“建筑师的责任”坚持以“知识为基础的专业判断”(learned and uncompromised professional judgement）的文本[77]。该委员会的政策条款中对如“政策一：建筑实践”“政策十四：在东道国的实践”的研究，以及“整合从业和建筑信息模型”的后续研究行为，将有“信息共享、信息标准和东道国的设计证据”等问题的研究，预示了国际化循证设计中心网络的必要。

循证设计至此已经超出“为绿色建筑的”研究视野，并通过“设计的社会性”，作为对当代建筑学“回归基本原理”时的觉悟。

### 3.5.5 *EBD for Multiple Building Types* 之“循证设计的过程与方法”译介

2009年底前后，在美国有关于“循证设计”的几本书正式出版，意味着美国人已经在该问题上有过一些理论研究积累，通过书中的内容可以知道，循证设计同时也是积极地面向实践的。这些专著是：*Evidence-Based Design for Multiple Building Types*[117]，*Evidence-Based Design for Interior Designers*[118]和*Evidence-Based Design for Health-care Facilities*[119]。这些都是循证设计的“对象性”研究。

无独有偶，早在1994年有一篇硕士毕业论文是《为生产的CAAD系统研究》。本书的原名《为绿色建筑的循证设计研究》也是这样，为实践的理论研究。“为”与“for”，在这里是相近的用法。由此可知，“循证设计”首先是一种建筑设计的“价值观念”，然后派生出一系列设计和研究方法（包括设计依据的获取、检验、评价和传播），并应用于具体的设计对象，而能够为实践服务才正是“价值研究”的根本意义。

本书的研究体例和内容与美国人的类同，美国人的书毕竟对本书的研究有所帮助，讨论的是相关的问题，关于“循证设计”的表述也是相同的。美国人的三本书都没有涉及数字化问题，某种程度上意味着，循证设计的研究在当下仍是对概念的推介，即集中说明“为什么证据是被需要的”，而“证据如何得到”等一些关键性问题，无论美国人的著作或本书的研究，都没有在工具和方法上深入。

本书试图预见问题，并对问题作出简要的拆解。实际上，循证的方法是对数字化信息而言的，而循证设计在当下比当年的循证医学具备更有利的软件科学的技术支持。

在*EBD for Multiple Building Types*中言及“可持续建筑”，即一般概念中的绿色建筑，“可持续建筑必须是基于证据的设计”，在这一点上，对循证设计价值的理解以及对绿色建筑的行为的判断，中外的研究主旨是相同的。

作为一种对循证设计的“自主性”研究，本书绝少引用现存的相关文献。为进一步说明循证设计的现实“可操作”意义，这里简明地译介*EBD for Multiple Building Types*第13章“Process and Methods for Evidence-based Design”中的主题内容，以下文本的条目援用该书第13章的小标题，序号为本书作者所添加。

> 总之，循证设计是一种过程而非一种产品，因而选择设计方法至关重要。对循证设计的工作模式而言，其中设计与研究的互动关系是

一个主要焦点。

基于证据的工程项目设计，主要有三种类型的研究意义，其第一种和第二种正是“设计”的组成部分，第三种则发生于项目完成之后。最为显著的类型是，他人的研究成果被设计团队采纳，其研究中隐含的意蕴可转化为设计的概念；第二种类型，当某项目中出现必须通过新的研究才能够解答的重要问题，这时，设计团队的成员，或者团队的合作者，必须在着手对项目进行某方面的设计之前，首先对该重要问题做出调查研究；任何严谨的基于证据的工程项目，在其完成以后，必须为该项目的性能表现馈集证据。建筑师、设计师或者工程师与客户一道需要谙熟每一种设计研究的类型，并能够参与其中或指导研究的过程。

1. 组建一个高效的项目团队

①交叉学科团队

②工作角色分配

③执行管理机制

④用户参与设计

⑤多重学科组合

⑥施工介入设计

⑦学术研究成分

⑧公众意见咨询

⑨项目前期准备

2. 循证设计过程一例

步骤1　建立客户项目目标

步骤2　分配团队工作任务

步骤3　确立关键设计主题

步骤4　关键主题的研究性

步骤5　搜集相关研究信息

步骤6　深入理解设计证据

步骤7　发展概念记录成果

步骤8　基于证据猜想结论

步骤9　选择方法验证假设

3. 形成设计文件并实施项目施工

4. 共享项目设计-建造成果

①建成项目作为研究对象

②严格而无偏倚的后评价

③确定各种假设的可靠度

④共享项目设计成果推进领域发展

5. 基于证据的设计原是司空见惯的过程

无论如何，可以知道，“循证设计”同时是一种“设计研究”。

设计是对建造的研究，需要关注设计（虚拟的建造）发生的过程，并在过程中研究“设计的证据”，是一个不断预后的过程。循证设计因此是对建筑物的全生命周期的（尤其是其中“设计的全生命周期”）深入拆解，使设计证据得以整合为建筑物的信息模型（信息集合）。

注意到 BLM 和 BIM 都是当下“数字建筑”研究中的热点问题。汉密尔顿并没有明确提及相关概念。文本中倒是多次说明循证设计的某些步骤是建筑师早已熟悉的行业常规。毕竟该书对“项目设计团队”的组织方法的研究给人以启发。循证设计如果不是一厢情愿的屠龙之术，就必须开发出可行的、有效的项目设计组织的操作方法。

*Evidence-Based Design for Multiple Building Types* 不是纯粹的理论著作，该书并不关心理论基础的构建。“设计研究”原是源于建造实践并面向工程设计本身。但是，正如循证设计的过程已是对传统设计组织方法的推进一样，设计所发生的技术工具系统之数字化背景不可被轻易忽视，如上述“步骤五”之“搜集相关研究信息”，“步骤六”之“深入理解设计证据”，以及“共享项目设计成果推进领域发展”等，隐含了信息的形态、证据的产生、证据的甄别、信息的传播等一应数字信息水平上的循证设计研究的基础问题。

## 3.6 本章结语

循证设计的意义，从陌生的、可质疑的、似是而非的语辞，经过与传统建筑学框架的渗透，经过对当代建造新目标的拆解，经过在文本中先验性地叙述与“暗示”，是否已慢慢开始变得清晰和可靠？

循证设计就是设计，或者“循证的行为”是建筑设计在信息广泛存在的背景下，扩大的“社会意义的行为属性”，循证设计的研究为整个设计行业的生产力发展而储备。设计本质上为建造，循证设计则为基于证据的“理性的建造”。建筑循证设计（EBAD，Evidence-based Architectural Design）是“传统的”计算机辅助建筑设计（CAAD，Computer-aided Architectural Design）的延伸。

循证设计在数字化工具（Digital Tool）和绿色性目标（Vegetal Goal）之间，是信息时代中建筑学对“数字建筑”和“绿色建筑”的积极响应。循证设计研究的目标是在新的建造逻辑下，整合“数字工具”与“绿色目标”为共同的建造系统。

科学的方法是相通的。科学的抽象框架体系积累了人类的一般智慧财富。循证医学的空框结构表现出生命科学智慧对全人类的人文价值，将惠及更广泛的人类活动。依据历史常识可知道，建筑学的理论与实践经常地滞后于时代的发展。

### 3.6.1 数字建筑（三）

数字建筑使循证设计成为可能。

但是，循证设计不是万能的，正如设计不是万能的一样。循证思想要求设计的证据，为设计提供依据，并致力于发展有关证据的一系列方法。循证设计思想渗透于设计过程之中，却不能替代设计的全部工作。“数字建筑方法”仍提供或承担设计-建造的“多兵种合成”的管理和协同的作用，而“管理”的意义不是一味地等待新的东西。把现有的先用好也能体现生产力水平，甚至正是保守力量的积极价值。

有关循证设计的数理方法的研究，将延伸数字建筑方法自身发展之可拓展的领域。而在未来，无论数字技术将为建筑设计提供何种新鲜好玩的工具，最根本的是从现在开始，数字建筑通过循证的行为等对建筑学彻底引入理性的方法。

循证思想不只为具体的设计（包括对建筑物自身机能和建筑空间使用功能的双重效率的设计）所要求，也同时在建筑理论和建筑史的研究之中，要求可靠的甚至相对稳定的（如历史）证据集合，而不是经常地停留于感觉的或者模糊的常识之中。

### 3.6.2 绿色建筑（三）

绿色建筑使循证设计被需要。

循证设计不限于对绿色建筑的研究，“证据”的观念具有更一般性的理性价值；建筑学也不只关于绿色建筑，或者建筑的绿色性问题。

绿色建筑的理论研究仍有诸多工作有待完成，以建立绿色建筑发展的理论依据。

动物性的对空间的占有并发展为领域的观念，不只是“空间本身”的表面意义，而是对（地理）空间中所保有的“生存资料”的要求。在历史上，游牧民族继承了迁徙动物的策略（发展了有限的建筑文化），使自身成为顶级的“掠食者”。不妨说，人类所有的战争最终都是对“生存空间”的争夺。生存空间是具有生产性的，生态的循环是生产-消费的循环。这种动物性自发的本能被发展为现代产业生态学的行为。

城市中缺少“生物多样性”，其主要的“生态过程”由人类的生产活动来承担。建筑是一种空间占有的方式，传统中表现为相对单纯的定居形式，（城镇）单一地占用自然空间，较少地考虑对环境的影响，建筑空间缺乏生产意义。

在生态系统中，动物的物种具有食物链中的生态位角色，并通过种群占有空间，物种的个体直接与环境发生物质和能量的交换，亦具体地表现出该物种的“生态”作用，是一种为自然所规定的全体生态环节中独立的（不需要被保护的）生命力量。

生态系统不是被生态学规定的。生态系统是自在的。人类在当下所能看到的是相对稳定的和有冗余的系统状态（我们甚至不知道人类是否在生态系统相对稳定后才进化或者异化出来）。但是，建筑和城市则是由人类所主导而发生的，绿色建筑概念在其潜在的心理中，或有对结束无序的不相关的耗散性建造的思虑。

就房屋个体而言，将其作为一种系统，其发生有一系列“外部过程”，设计即为其中之一。不妨说，绿色建筑的设计极大地或最佳地“响应”各种环境因素，以获得基于环境的具体的建成物机能，并在其形成的过程当中，通过对材料和能源的使用，与环境发生联系。在建成物以本体机能性（系统）运行的阶段中，在能源和物质的持续输入之外（一种类生命过程），建成物以其体量形态以及废弃物排放，在使用周期内，对其系统的外部环境产生影响。这种影响，尤其是累积的作用，是否处于生态系统的冗余之内，能否成为良性的循环，既是建筑学的生态学研究，也是具体的机能设计时的权衡指标，即建筑物的机能也具体地承担某种生态角色的作用。

### 3.6.3 循证设计（三）

在设计行为研究中说设计对象的“机能”，因为在循证医学和循证设计的语境下，是建筑学向医学的学习。我们甚至可以妄自尊大地说，因为“设计”的原因，建筑师也许比医生更加接近“上帝”的行为。建筑师和“上帝”都是从用泥土开始工作。

材料生产过程中的低碳指标不是建筑师能够直接控制的。建筑的设计、建筑物机能的设计（证据与预后）仍是核心的问题。

循证设计及其研究本身也是对“设计行为”的综合研究。

为什么在历史上其他时期没有提出“循证”的概念？循证是信息时代的产物，“循证”是能够获得的价值。而信息和证据的价值，一如“在氧气发现之前用什么呼吸”的疑问，便不讨论“绿色建筑”目标之前的问题。未来的建筑设计在“数字化”与“绿色性”之间工作，建筑学科需要自主地应对社会的发展和现实的要求，则循证设计的价值理念有存在意义。

本章在设计之前先设问，所以是预见性的研究。循证设计作为一种研究方法，是对建筑学、建筑物和建筑设计的研究，研究中有为学科自身存在之证据的产生，某种程度上，是学科基础的不断构建。

循证设计的“问题集”，在对传统建筑学的设问之外，亦与循证设计本身的发展有关。其中一个目标是建立循证资源中心。检索（提问）的方式便是关键之处。能够正确地提出问题非常重要，也是循证设计深入研究的重点。循证设计研究中最激动人心的部分被简要地放在“研究的预见”一节之中，当下所做的只是初级的工作。本书中尽管涉及“为什么证据是被需要的”，但仍然没有具体拆解出“什么证据是被需要的”。这正是有关循证设计和绿色建筑的后续研究首先要解决的问题。

关键在于，循证设计真正产生建造实践的价值，或许正需要绿色建筑与循证设计互相证明。当绿色建筑成功之时，便不需要“绿色”的名号，循证设计之“循证思想”也将是基本的。

尽管遭遇数字工具和绿色目标的外来冲击，当代建筑学的发展和改变（或者积极的应变）仍要靠自身完成，其中包括对学科的重新认识。“回归基本原理”的时候，是对人类“理性建造”的回归和对全体生命的“生存空间”的认同。

循证设计在中国，作为一种研究，在当下仍缺乏对自觉的循证设计实践的统计，设计案例不足，只有以概念的相关拆解为先。限于篇幅，本书没有提到在“建筑策划”和“使用后评价”中循证的问题。实际上不妨说，策划和 POE 已是设计在设计全生命周期上始终两端的延展，是循证使设计在技术过程上的扩大。

循证设计研究与实践的成本包括时间、财力和教育。证据总是由品质所要求，品质则是更大的效率（包括人工、材料和能源）。效率是具有经济学意义的概念。经济是现实民生的基本前提。循证设计由对现实的观察而提出，最终的用心是现实的和谐，如此暴露了研究者从专业出发的职业的社会理想。有关循证设计诸问题的后续研究要求研究者有宽泛的和复合的知识储备与技能训练背景。当下的研究者尽管没有做好全部准备，却也按捺不住，实在是因为理想与现实之间的（无理性的）距离。

某种程度上，循证设计的研究中，其对设计行为的探讨，隐含对建筑学本身之具有社会学性质的关注。实际上，有识之士已认识到建筑策划和使用后评价的价值。在其进入中国的十几年间，却仍然处于学术的幼态水平，绝少融入建筑学传统研究的学统，在实践中也鲜有产生价值的案例，这已经是某种建筑学的社会现象。相比之下，医学对于新方法的引入是足够敏感的。

循证设计之形成需要对建筑学传统与现状的全面研究，有许多基础性的工作有待完成，对现实的理解和对未来的预见，同时存在。

仅就本书的研究者而言，尽管循证作为方法和体制仍然远不够成熟，但已经成为一种“自觉的”职业行为意识，渗透于学术研究、工程设计和专业教育之中。

# 4 拓展：派生研究诸问题

循证设计作为一种研究方法，具有参与（即使不是指导）理论构建的价值。

循证不是一个独立的概念，不是一厢情愿的理念。循证意味着“需要遵循证据、能够遵循证据、已有证据可资遵循”。如历史学中有“孤例不为证”的潜规则，证据必须是相关信息的集合，该集合中有价值目标、判别标准和逻辑关系。其开放性的价值观表现在对时效性的承认和对可证伪的期待上，因而这样的“证据集合”已经具有某种“学科”的意义。无论这样对证据的“预分析”是否已经在“遵循”结构主义的认识论，“循证”之概念在当下的使用，对于学术研究的“过程和成果形态”，是存在着基于“历史经验”前提下（并作为证据之一种）的“先验的预见性”的成分，则不免仍有所疑问，什么是循证设计？循证设计的研究究竟是什么样？

不妨说，循证设计的研究需要宏观的视野，要求对建筑学纵横两个方向均有所认知，便当此时，处处是需要循证的问题。对于循证的研究者，“循证的意识”丰富理论思维的样式成为研究能力本身；而先验和体系的循证设计也是一种学科的“开发方法”。当实践中循证的“工程案例”不足时，“研究的示例”相对容易得到。而如本章的“派生示例”所提出的命题本身也具有一定的学术探索的价值。

循证的研究命题仍从“基本问题”中得到。

对环境品质的追求已经成为当代空间设计的基本目标之一。当代建筑学表现为“人居问题”的学科群，其中包括“环境控制学”和“环境行为学”两大线索。

环境控制学中，如“建筑系统的绿色性”，作为空间环境的一种“物理-生理”品质，发生于经济、舒适和效率之间。其控制的性能目标需要具体的物质性机构完成，表现为对材料、构件和构造的“集成研究”和对空间的 CFD 模拟。

环境行为学中，如环境空间的“识别无障碍性”问题，关乎环境的“信息-心理”品质。这品质要求是通畅、友好和识别无障碍，即城市“硬质环境”可以作为“信息的一种载体”，则环境所被附加的、承载的和可传达的信息的丰度和品质需要被研究并有“存取效率”的要求。

## 4.1 建筑“集成构造”之概念研究

“建筑物集成构造”概念研究是基于 BIM 的绿色性建造对策的研究，是“环境控制学”的相关问题，有关建筑物绿色性能之“构造环节”的“机能品质”。

### 4.1.1 建筑构造的传统意义

建筑“构造”是建筑工程设计学科的基本概念。建筑构造一直是现代建筑学教育体系中的基础的课程和较难的课程。在传统的观念中，“构造”是一个“先验的”概念，一般被理解为“组成某建筑物的最基本的物质性存在”。

实际上，建筑物是具体的，而“构造原理”是一般性的。与其说建筑物是通过各种“构造”而组成的，毋宁说建筑物是通过各种“构件”而组装的。本质上，构造的“原理”所承担的是建筑物的“分解性能”，而具体的构件是建筑物“系统机能”的完成机构，因此对构造的一个最基本的认识是，构造是“有目的”的。无论结构的构造、热工的构造、造型的构造或者设备的构造，甚至施工工艺的构造，构造由各种“建造目的”而产生，尤其是对自然环境的“对抗性”目的。而获得建筑物的最终综合性能与“构造”的设计深度和“构件”生成时的施工质量密切相关。

构造的基本存在，如“解构”的设计，终不能摆脱结构、构造和做法。构造的目的性作用，如“非线性造型”的房屋，墙体与屋面不作通常的区分，且不拘泥于常规的构造做法，但仍要解释如何解决“传统”构造所承担的基本作用的问题。

构造的传统“表达体系”，从基础经墙身到屋面，是一整套“形态解剖”的系统。

在形式操作的设计传统中，构造设计是设计图纸的深入表达阶段，如“节点大样图”是剖面（垂直切面）或平面（水平切面）的细部放大，以清晰地表示材料的做法；为立面造型的艺术效果也需要大比例的（一般为剖面的）细部尺度图示；具体的构件是在一定工艺条件下“生成的”，图示隐含了做法中材料组合的工序（典型的如屋面保温防水构造），并适应于土建的现场施工的精度水平。

我们已经能够说明形式的操作有技术设计的积极意义，其前提是形式中固化了某些（机能和功能的）“一般合理性成分”。对传统建筑设计的工作方式而言，“表达”经常是“设计”本身。建筑绿色性机能的设计又是“具体的设计”。在特定场地的空间状态和能量条件的前提下，对材料的选择、构造的策略和空间的布局，是获得建筑物绿色机能的基本途径。而循证设计需要知道构造设计的依据，首先要对构造策略的“目标”设问，这便是集成构造概念的缘起。

### 4.1.2 集成构造的研究意义

传统的建筑设计工作通常通过“图示的方法”设计和表达构造，但是构造的全部概念不只意味着“节点详图”或“标准图集”。数字化建筑设计的工具和方法使构造信息的存在是“三维的”和“可视的”。其中 BIM 尤指基于 BIM 理论研发的各种工具软件（如美国 Autodesk 公司的 Revit），整合了建筑构造的各种“应用目的”，刺激对“传统构造概念”的重新理解。BIM 工具中可以“动态地”模拟建造的过程，包括各种构造的生成、设备的安装以及管线的综合等。BIM 工具所代表的“设计-建造一体化”的信息管理机制，使构造不再只是全部依赖“在现场完成”，而是能够提出“集成构造”概念，使建筑物及其产品的生产和制备将有“构造-构件-组件-空间设备”的层级化的“车间制造”方式。而构造的机能设计的高品质以及构造的组件性能的“集成度”是达成建筑物绿色性能的最终物质性保障和具体的技术体现。

建筑“集成构造”（Integrated Construction）是在整合传统的建筑构造意义的基础上，结合数字化的建筑设计技术而提出的，并作为“基于 BIM 的绿色建造对策”之一。其研究价值在于，以最常见的、最基本的“构造”概念为出发点，整合数字技术、绿色性指标和运行管理目标的要求，对传统的土木建筑的“静态的”构造概念加以扩大化，使各种构造作为建筑物系统全面性能的“执行机构”而存在，并在全局系统的整体性能的前提下，发生（或即“输出”）局域的构造环节的效能。其研究的最终目标是“集成构造之设计-制造”在建造全行业中“产业化”的应用。

建筑“集成构造”研究的本质问题是数字化设计技术与绿色建造之间关系的深入研究，挖掘设计专业在工程建造过程中的技术创新潜力，以更大程度发挥“设计”阶段的“技术性研究”的优势。具体的“建筑集成构造”概念有三个层面的意义：在构造设计中发挥建筑信息模型（BIM）的“建造信息管理”的作用；将“建筑集成构造”作为绿色建筑性能的物质性保障策略之一；健全建造全过程的信息管理机制并探讨“批量定制”概念的现实途径。

由研究的目的知道，集成构造所“集成”的不只是“硬件”的物理关系，更是设计和使用后评价、制造和施工、运行维护等全过程的，以信息为主导的“软件和硬件”集成，从而使构造成为一个“体系化”的概念，则建筑物“集成构造”之理论与实践研究，并不是一个单纯“构造节点设计”的问题，而是涵盖了“数字化建筑设计技术”“建筑物绿色性能”和“建造全过程管理”三方面的基本内容，其中并包括“建筑集成构造”“建筑信息模型”“绿色建筑性能”“建造信息整合”以及“车间制造”“批量定制”等一系列相关命题的具体研究。

#### 4.1.2.1 数字化技术作为集成构造研究的“工具基础”

数字化建筑设计工具的发展迅速，尤其当基于 BIM（建筑信息模型）的工具软件商品化以后，对传统的建筑设计和建造管理模式带来巨大冲击。BIM 系统整合建筑物和建造的全部信息及信息流变过程为建筑物品质的提高提供了更可靠的工具，并使建筑工程实践得以面对和解决过往难以解决的困难。数字化技术提供了基于工程信息流动的、贯穿于建筑全生命周期的、可以观察和控制的、可以反馈和评价的、能够整合在一个目标体系中的工具基础，使设计和制造、施工和安装等，更有信息保真的效率。对数字化研究而言，整合是一个核心问题，“集成构造”概念及其研究，其对建筑构造的理解，也集成（整合）了数字化的工具以及一系列的方法、手段和思维方式，尤其在信息传递的水平上，使设计与建造更直接地联系，即“保真”的意义。

建筑信息模型可以集成包括建筑物形态数据、材料做法、空间关系等内容，使构造的信息以“三维的”和“可视的”方式存在，并可以“动态地”模拟建造的过程，包括构造的生成、设备的安装、管线的综合等，从而具备了“建造信息管理”能力，是研究、设计以至制造集成构造的有效工具。设计应用中应当注意到并发挥数字化工具的“生产力潜力”，而不是仅仅把 BIM 软件当成新一代的“绘图工具”。

“集成构造”的观念对 BIM 也有反馈意义，建筑设计对于 BIM 软件也不是完全被动接受的。在设计应用中，建筑师需要自主地建立 BIM 系统中的数字化“构造”信息，从而影响到“构造图集编制”的体系和方法的新变化。

建筑数字化工具也不可避免地与绿色建筑的品质要求联系在一起，绿色建筑的综合性能靠“空间形态”和“物质材料”共同完成。在建筑“节能减排”的措施中，“构造质量”的作用受到越来越多的重视。建筑“集成构造”的研究和实施是一个有效途径，面向建造过程而加强设计的作用，加大设计中的预见性投入，同时发挥数字工具的建筑在全生命周期上的信息管理的生产力、潜力，而具有广泛的应用前景。

本书第一章的“建筑数字化产品与技术之订单”之“绿色概念的设计工具”中，提到“与材料相联系的构造设计的数字工具”的开发问题。另在“Vitruvius 的误读”一段中，也说明建筑之数字设计工具有“两大分野”，可以表达为“建模”和“模拟”，对应于“形态”和“机能”。这正是“传统构造”与“集成构造”概念之间在认识上的发展渊源，也即“构造原理”的“形态解剖”与“生理机能”的相互依存的关系。

当真正以“建造”为设计目标时，“构造设计”是建筑设计重要的技术工作之一，人文价值和建造材料可以“拿来”，建造（构造）技术的研究则必须由建筑师自己承担。数字化的“建模”和“模拟”工具将使建筑师具备对构造机能的设计能力。

#### 4.1.2.2 建筑物的绿色性能是集成构造的“输出目标”

绿色建筑发展缓慢，如一年级学生设计不入门，除少量先行者外，整个设计界对“绿色建筑”的设计尚未入门，缺乏绿色建筑设计的“技术能力”。实际上，甚至缺乏“常规”构造的设计技术，尤其是在“有目的”

的构造原理水平上的设计能力。就现实中的建造而言，徒有理论修养是苍白无力的。在“构造”一节，艺术家或建筑大师没有资格看轻装修工地上的小徒工。

建筑理论的作用之一是为建筑设计的行为寻找依据，或许困难之处在于设计中时有“虚实”的困惑，建筑物、建筑设计和建筑学，其中有实有虚，必须虚实结合；绿色建筑的设计-建造，也有虚实两方面。“虚”的方面指对室内空气质量（温湿度和化学成分）的控制，以及空间形态对空气运动的作用（CFD 的研究对象）；“实”的方面指材料形成的围护系统在一定绿色指标下的建筑性能，表现为“构造的效率”。

构造的效率以建造的目标为前提。物质性的房屋，其构造和结构，总是与材料相联系。实际上，建筑物是最早的“复合材料”的人工制品，而“构造”正是建筑工程使用材料的方式。建筑学并不制备材料，总是使用工业系统中能够提供的各种材料以达成某种建造目的。而在梯度材料、相变材料、记忆材料、某种性能（例如透析性、气密性、吸附性、亲水性、憎水性等）的纳米材料进入建筑材料的常规商品领域之前，构造的方法仍是获得建筑物绿色性能的最基本途径之一。

建筑“集成构造”概念的立论基础之一是强调构造是“有目的”的。

“构造的目的”现在可以明确为对“建筑物全面性能体系”的具体拆解，执行构造原理的具体构件，完成建筑物性能体系中的“局域性能”。在这个意义上，与其说“材料与构造”，毋宁说“构造与性能”。建筑“集成构造”概念的研究，重视建筑物的“运行”而不只是“建造”，参与建筑物“机能”的实现而不只是造型细部表达的构造意义。

建筑物全系统包括“结构系统”“围护系统”“设备系统”“空间系统”等。实现绿色建筑全面性能需要建筑物各子系统协同工作。各子系统各司其职。

如 CFD 视野下的“空间系统”主要由“结构系统”和“围护系统”所规定，CFD 仍是研究形态的（有限定形状并有动力源的空气运动状态）。深入的研究或与形体表面的肌理粗糙度和材质辐射的扰动（摩擦和湍流）有关；而在表面之下是“构造”在工作，集成构造的概念集中于围护系统的“构造机能品质”讨论问题。

建筑物的绿色性该由什么具体机构承担？构造原理设计的依据和工艺规程如何产生？“集成构造”实际上首先是拆解问题并重新认识问题。而容易得到认同的是，建筑绿色性能的实现需要构造水平上的设计研究，集成构造即研究“实”的部分。

为建筑物绿色机能体系的“集成构造”概念研究包括一系列相关问题的探讨，即重新重视“构造的机能目的”，强调“设计”对确定构造的具体机能性指标的作用，将构件及其“接口”作为“质量的检测环节”等。

工业建筑中有“恒温（湿）室”和“洁净室”，其性能指标的完成机构包括构造和设备。构造为隔绝和保存，设备为输入和控制。由构造方法所形成的被动性壳体的性能不足，需要由（有目的的）主动性设备进行“生产性”机能补偿。对于“恒温室”（作为一种具有特定空间品质的生产设备）本身而言，壳体部分已经有某种“静态的”“被动性设备”的意义，其构造设计的原理是在系统性能总目标前提下的分解，最终由具体的“材料-构件”执行。设计和安装中亦需要特别注意到各种构件（或组件）之间“接口”（如门窗缝处）的性能机理。

实际上，相对于自然环境而言，民用建筑物也是恒温（湿）室和洁净室，与工业制造中所要求的情形相比，只有相关性能的“指标区间”和“控制精度”之不同。在潜在的心理中，对大量绿色民用建筑的设计-建造，亦重视建筑物系统中“被动性”组分的作用，即“材料-构造-构件”的效率。

构造原理存在于隐蔽工程中，对于使用者是隐形的，却真实地存在于建筑师的专业视野中，正像外科医生熟悉人体解剖。而无论是医学还是建筑学，构造不是单纯的“形态解剖”，而是“生理机能”。

笔者曾要求学生同时读《人体解剖》和《人体使用手册》。不妨认为，施工建造是构造机能的形成过程，并由“发生生物学”知道“细胞的发育”与“组织的形成”之间存在对应的关系，其中细胞是DNA信息的载体。可类比地，构件是构造原理的执行机构，而构造原理是经过设计的，原理的合理性原是相关信息的有机整合。

构造的设计基于所选择的诸材料的特性，面向建筑物全面性能中拆解出的局域性能指标。构造的设计不只是材料组合的最后表现，也隐含机能目的和工艺过程、材料之间的结合方法（包括永久性和可拆换性）等。为构造原理的各种机能目的之研究，也是建筑物理基础研究的应用价值。

构造原理设计的依据之一是对构造的某种理解水平，即由构造所形成的构件或组件，其工作的机理有“输出功率”的意义。在工程设计中，对标准构造与构造接口的选择，尤其需要有构件的输出功率的“参数”作为依据，以形成整合的建筑物性能体系，使建筑构造的设计方法更接近建筑设备系统的具体设计的过程。

建筑集成构造之以绿色机能为前提的构造设计和构件生成的理念，并有参与绿色建筑性能评价的潜在价值。

为建筑“绿色性机能指标”的构造原理设计、构件的质量及其接口方法的效率，可作为“绿色性能”具体的“质量观测点”。“集成构造”全生命周期地考察构造的意义，其有“机能目的”的构造组件概念，亦可作为“模块-系统”方法的具体应用，包括了设计、生产、安装、运行、维修、替换、循环等一系列过程；其中无论是“对设计的预后”“对建造过程的控制”还是“对生产成品的检验”，可将“具体构件”作为总体质量控制所拆分出的“具体质量环节”。

绿色建筑的概念在实践中不断拆解，逐渐落实到对建筑物“节能减排”指标的控制。建筑构造的设计水准与构件的制造品质是其中的关键，而“减少节点”也是质量控制的有效措施。

作为质量体系的各个环节，除开构件本身的性能之外，集成构造的研究，重视各种不同构件之间的接口的“相容性”水平，良好的构件接口设计将使整体性能大于局部性能的简单累加，“接口”的概念可使构件组合为“组件”。

构件“接口”是“性能输出指标”与“几何安装信息”的边界条件。信息化的接口水平是建造装配化的前提。构件之间接口处的性能“和谐”（Harmony 的本意是古希腊建筑石料的接缝品质）也是实现绿色建筑性能的最终物质性技术保证之一。而通过构造的“精良设计”以节约原材料与节能（Energy Efficiency）相类似，是材料的高效利用（Material Efficiency），体现了绿色建筑“节材”的基本含义。

对产品实物质量的判断，一般是以“设计的”性能目标为前提。设计则以材料特性、建筑物理原理、设备效能和实践经验等为依据。

一般流俗的意识中，构造的存在是“先验的”，构造原理是从大量建造成例中“解剖”出来的，表达为节点大样，并固化为标准图和规范。工程实践中甚至流行经验谚语，如“构造满足了，结构就满足了”。而从结构专业“计算”的立场判断，却已经有违节约的道德而不自知。绿色建筑必须是具体的、物质过程的和机能的精致性“设计-建造-运行”，绿色建筑构造原理（或机理）的产生在经验的积累（包括对病理的分析，如各种裂缝问题）之外，需要主动的面向“性能”的具体设计。

#### 4.1.2.3 使“车间制造”贯穿于建造的全过程

构造原理也是持续发展的，并不断地面对现实中的新问题。“新问题”却不脱离“基本原理”，一如墙的沿革和“窗的革命”[2]。材料的发展、经济的影响、文化的作用均反映出建造实践的不断丰富。实践经验以“数字信息”的形态迅速地扩散，其中包括各种构造的精妙设计和制造安装的消息。构造设计与建筑设计身处同样的信息背景之中。

一般地，计算模拟与物理实证都作为“集成构造”的基本研究方法。而循证设计的数理统计学、数据挖掘、知识发现、反求工程等亦可以引入关于“构造机能”的证据研究，而由此所发展出的方法甚至是对循证设计本身的研究。

建筑“集成构造”观念的提出使传统建筑构造的含义不断地被拓展。构造与构件是不同层面上的概念。构造是抽象原理的，表现为“设计”的水平；构件是材料物质的，取决于“制造”的质量。局域构造的“设计机能”通过具体构件的“施工做法”而形成；“机能的形成过程”不只是一个施工中的技术阶段，同时具有在建造过程中的质量管理层级的意义，而由 BIM 工具所代表的“设计-建造一体化”的信息管理机制使“构造-构件”也不再只是全部“在现场完成”，而是能够形成“材料-构件-组件-设备-集成空间模块”的一整套“新的观察方法下的”建造和质量控制线索。实际上，现代建筑制造业已经有“工厂车间化”的发展趋势。

建筑“集成构造”的概念，因为有“车间制造”的生产方式而有现实的意义。建筑物的“车间制造”不是全新的事物。实际上，建筑学没有全新的事物，只是囿于观察深度的不同，或者理性能力的局限。“车间制造”不意味建筑物的建造全部进入特定（地理位置）的厂房，而是工地现场的“车间化”，某种程度上，或与建造的装配化相联系，尤指“围护系统”的生成。传统中，机电设备的主机已经是“车间制造”的，管线系统（如给排水或空调）则需要现场制作；结构系统中，如钢结构构件（如网架、梁柱）可车间定制加工而现场装配，液态和粉质原料等形变材料，必须现场支模；围护系统中，如集成墙板、幕墙、门窗等，可以由车间定制，“组构”以后运到现场安装。

车间化的集成构件的集中加工有利于材料的调配组织，可节省原材料，减少边角余料，有节约的潜在价值；可以发挥机械工业的制造能力，在批量生产中获得效率并保证质量，从而使土木建造业具有机械制造业的生产精度。质量精度的高标准是车间制造的首要价值。

集成-制造方法整合了建造全过程中的各种质量环节，重视由构造设计到构件施工的信息保真，强调设计在质量环节中的作用；通过“制造”的方式使绿色建筑的构件机能得以实现其品质，减少各种干扰因素的限制，保证最大限度的“机能设计”实现度，而不是过于依赖现场施工水平。

集成构造和车间制造的研究是“批量定制”的基础。集成与制造不只是为使构件“标准化”，而是有更多“信息化”的因素，甚至正是“信息化”带来“多元化”。“批量定制”的概念与多年以前的“预制装配式”的含义不同，后者更多的具有为“施工效率”的意义，并与建筑工业的“标准化”有关，而绝对的“标准化”只意味着工业体系发展的某个“阶段性水平”，“面向多元用户”的“批量定制”才是建筑工业的“成熟水平”的显著标志。建筑集成构造的“定制设计”从建筑策划的阶段介入，并最终体现于运行管理之中，是建筑全生命周期理论的具体实践。

#### 4.1.2.4 集成构造是“设备水平上的”建筑构造观念

集成构造首先是一种对“建筑构造”的理解水平，“集成”则是一种观察方法。

集成构造的概念刺激对建筑物的不同认识。房地产企业所能提供的产品是空间性产品，即房地产开发中的“产品意识”是“空间功能性的”，目的是提供某种生活和生产平台。而在建筑学专业的视野中，“空间价值”（社会功能价值的）与“房屋价值”（工程技术价值的）的概念并不等同。建筑物作为物质性产品，在空间的使用功能之外，有其自身的物质性构成，并有面向建筑物整体之“机能性运行”的意义。在运行的意义下理解“构造”的含义，是将建筑物的“全面性能”拆解为由一系列“构造”所承担的“局域性能”，由构造原理所生成的“构件”则是局域性能的具体执行机构。据闻德国的售楼处展示所售房屋的材料、构造和五金配件产品等，而不只是介绍空间的布局和建议使用功能。

如此，在“集成构造”的概念下，对“构造机能目的”的强调，对“构造和构件”的区分，对“构件集成为组件”的研究，对构件或组件的

“车间制造”的重视，隐含对建筑物系统构成方式之“零配件系统”及其组装性制造的理解，并将“建筑物系统”本身视为性能整合后的“设备化系统”。分解后的构造机能性目标由具体的构件或组件完成，构件或组件作为建筑物的各种零配件总成为具有一定性能的建筑物系统。实际上，在相对先进的建造系统中，“建筑策划书”中便已经对建筑物的物质性组成作详尽具体的列表描述。

通俗的理解中，如汽车中有五大总成机构，房屋亦有光电水暖设备，即使不是熟悉的，可以“设想”设备专业的工作，即在局域或“专业的”性能指标下，采用具有一定输出效能的主机设备，结合具体的建筑物空间环境，优化设计具体的管线系统，以达到最优的专业系统性能。这里“专业的”即“分工的”，最终需要各专业整合为建筑物全面系统的综合性能。绿色建筑的性能是全面的和体系的，建筑物的最终技术性设计，在设备整合一节，不只是各专业设备的“管线综合”的空间设计，而是将建筑物本身作为一种全面“设备系统”的性能设计，需要“主动的”（机电的）与“被动的”（土木的）设备之各局域性能的系统性整合。

“设备水平上的”建筑构造观念与柯布西耶的“机器”观念不同。柯布西耶仍不是在“运行机能”水平上考察房屋的问题，而是将住宅作为“具有生产性（提供空间）的消费品”，更多地具有社会性的意义。在其一百年后追随思想家的思想脉络，仍然关注诸如飞机、舰船和汽车，甚至人体与医学的问题，仍不是美学的表面原因，亦不是关乎“有无”的社会理想，是对某种“内在机制的和谐”的用心。

方今之时，无论绿色建筑的发展如何，中国自主研发的动车组已经高速运转起来，“动车组是尖端技术的高度集成，涉及动车组总成、车体、转向架、牵引变压器、牵引变流器等 9 大关键技术以及 10 项配套技术，包括 5 万个零部件”[163]。某位建筑师（项目负责人或总建筑师）是否能对自己设计的产品有类似的概念？建筑物如何可以像汽车一样被召回？

建筑系统之“设备化”的“配件-构件-组件”产品或者可以。

建筑“集成构造”是基于“机能体系”的概念，是在建筑全生命周期观念下的构造概念。实际上，“生命”与“机能”已经有内在的联系。在建筑的全生命周期中，房屋的结构耐久性是决定性的因素，构造的设计质量与构件的工作效率影响建筑物在一定机能水平上的运行时间。“构造在时间上的品质”是一个传统的问题，现在则可进一步描述为“构件（组件）的生命周期”的问题。容易知道，结构系统之外的“构件的生命周期”一般可以小于“建筑物全系统的生命周期”。

在此一处，伴随着绿色建筑之“研究-设计-建造”的不断发展，对现有建成物的绿色性“升级改造”，或如“设施管理”（FM，Facility Management）的工作，集成构造是“预见性的”。

设备水平上的建筑集成构造的观念也是“车间制造”的理论准备。

有关“建筑集成构造”的概念是笔者在对数字化建筑设计技术的研究过程中，结合工程实践的现状和对其发展趋势的研判而提出的。建筑学研究中，借鉴其他工业制造行业的经验，已有学者提出“CAD-CAM 一体化”思想。但是在实践中，由于传统房屋建造的现场建造和施工过程的大量“简单劳动的特点”，“CAD-CAM 一体化”长期以来作为一种“行业理想”而难以有实践的应用价值。同时，建筑设计专业是相对“高技术的”。这种在设计与建造之间的“技术级差”是造成“房屋建造业”与“机电制造业”相比，在技术、质量和价值之间不对等的原因之一。

建筑“集成构造”的概念更加强调在“建筑全生命周期”中“设计的作用”，将构造作为质量保证的“关键节点”，通过“构造机能集成”的策划、设计和运行预后，提高在建筑施工（构件生成）过程中，对构造设计的“技术含量”的“保真度”。

集成构造之“设备水平上的”构造的观念，有助于厘清房屋建造-运行过程中各种构造的发生特点和机能“参数”，探讨构造对建筑物节能减排的实际作用；重视“构造机能设计的高品质”和“构件组成的集成度”，并作为达成“建筑物绿色性能”的最终物质性保障和技术体现；结合对“批量定制”之观念及其实践的研究，跟踪不断成熟的“安装性构造”的建造实例的发展；进一步研究和实践对设计-建造信息的有效管理的方法。根本目标为在绿色建筑发展中，发挥机电制造工业的技术和生产能力，提高整个行业的“综合制造”的能力与产业化水平。

### 4.1.3 本节结语——“绿色机能”的产品研发途径之一

实际上，我们希望对“集成构造”的研究成为对“绿色建造对策”的真正务实研究。

在“形而之上”的建筑学理论研究中，或者以虚拟中大师的或者哲学家的心态，“构造”是等而下之、匠人的“技巧”，构造的研究作为传统的题目，既缺乏研究的热点时效性，也难以激发研究的热情。但是，为绿色建筑实践的发展，需要具体的工作目标；建筑师对绿色建筑的成功，需要做“力所能及”之本分工作，并通过学术研究和学科教育，发展其“所能及力”。在当下，为绿色建筑的具体实践，可以由建筑物体系之绿色性能的目标，“逆向地”判断设计过程中的行为。

理想中，对具体建筑物的绿色性建造，首先需要确定“绿色性能指标”的要求，以建设场地的 GIS 数据为基础依据，考虑到建设项目的性质、规模、等级以及投资能力，结合可采用的材料、技术和设备条件，在“建筑策划”中确立具体的“绿色性能指标”参数。依据建筑物体系的整体性能的要求，设计、选择适宜的构造机能、设备系统和空间形态，并对设计本身提供预后的证据。设计信息模型描述的“信息形态”的构造机能和空间形态，通过制造和建造，组织为可运行的具体建筑物系统，经 POE 的性能检验后，形成系统的操作（使用）方法。

在这个过程中，已经出现三个阶段的品质要求，即目标品质、设计品质和运行品质。三个阶段的循环交互作用将促进绿色建筑的发展，并达到合乎现实的平衡。其中“设计品质”的阶段最是需要建筑师的工作。

在建筑师对建筑物的研究当中，构造研究是对“形”本身（及其机能）的研究，“构造研究”当是绿色建筑（设计）研究的突破点之一。“设计是虚拟的建造”，设计是“有目的”的；“有目的”的构造原理是经过设计的；构造设计的能力是一种工程设计的技术能力，尤其对于绿色建筑。除此之外，休要寻常妄谈“设计”。这里也实际上隐含一个需要循证的问题，即“在构造的机能与系统的性能之间，如何建立充分必要条件的联系”。正是绿色建筑之“策划-设计-建造-运行”的研究，需要在理论上进一步深入探讨。

建筑“集成构造”的研究涉及物质、信息和工具三种“集成的意义”。材料集成为构造（构件机理），构件集成为组件和建筑物体系（信息）。其中的过程，工作路线或设计-制造操作规程，对应于各种数字化工具。工具也最终集成为方法。

作为对绿色建筑的具体研究，建筑“集成构造”概念如果能够对“BIM”“集成构造”“车间制造”和“建造信息管理”等关键词进行系统地梳理和整合，并对国内外的工程实践案例作出分析，当可为建筑学储备理论，为绿色建筑的实践做扎实、具体的工作，并为建筑教育跟踪学科前沿的发展。

## 4.2 环境“识别无障碍性”问题框架与研究方法

作为基于IOD的信息观察方法的环境研究，“识别无障碍性”概念是“环境行为学”的相关问题，关于城市设计和空间设计之建成环境的“信息品质”。

### 4.2.1 识别无障碍性释义

传统的“无障碍”概念是指“行为”的无障碍性。而在行为发生之前，有“识别无障碍性”（Identification Barrier-Free）的问题。二者一起构成空间设计的“无障碍性”意义。

传统的环境无障碍研究是面向残障人群在空间中的行为无障碍问题，包括硬质空间的“几何尺度”和“体能适应性”等。“通用设计”不是另一个版本的无障碍设计，但也主要是针对运动中的“行为无障碍”的问题。《普遍适用性设计》用主要篇幅研究设备和空间的尺度以及交通的方式。“空间导向系统”不直接意味着识别无障碍性，而识别无障碍性正是导向系统设计的技术要求之一。空间设计“常规”之中，存在某些避免因“识别障碍”而带来“运动障碍”隐患的设计常识，发生于无障碍设计、通用设计和导向系统所研究的问题之外。

“识别无障碍性”是对空间品质尤其是对空间的“被动性”品质的延伸要求，其作为一种概念仍是各种相关研究的“盲区”。但是该问题却在现实中真实地存在，需要在各类空间的设计中加以重视，并可引申为相关理论性研究的命题。

如果说“行为无障碍性”是对硬质环境的空间可及性等“几何系统的品质”的要求，“识别无障碍性”则是对硬质环境所应承载的“信息系统的品质”的基本描述。二者正是“环境值”与“环境的附加值”之间的关系。通过硬质环境的建造而获得城市的功能空间，在城市和空间设计中，可提出“以信息为导向的环境设计”概念。

“识别无障碍性”问题有其内在的“层级关系”，需要多学科协同工作。实际上，该命题的研究已经构成一种对复杂系统问题的求解。

“识别无障碍性”问题被意识到以后，经过了多专业协同的论证过程，并由于信息时代的“预见性”（Informed）的工作方式，以及各种“系统化”的“开发方法”，能够很快梳理其中的“问题框架”，预判可能的“研究方法”，并预见研究的“成果样式”。如此在研究中对“依据”的预组织，正是“循证”观念下的研究方法。

实际上，各种“方法”本身已经是某种普遍存在的、可共享的工具，从而有“信息”或“有效信息”的意义。

某种程度上，基于对“循证设计”的理解，就“学术性”命题研究的预分析而论，“证据”是相对于信息的普遍存在而言的；证据（集合）之产生亦与信息背景的发育状态有关，以及与观察者对信息的理解水平（提问）、对信息社会的行为方式的认同和适应（方法）有关。

#### 4.2.1.1 传统的“无障碍性”是指“行为无障碍”

在传统的“无障碍设计”观念中，并依约定俗成的理解，其适用范围实际上只是面向“行为无障碍”的，而在“运动”和“动作”等“行为”发生之前的，是感知、识别和判断的“心理过程”。现实中，对城市环境和建筑物空间的“使用”潜藏着“识别无障碍性”的问题，并且问题发生于全体的空间使用者。

与“无障碍设计”有关的一些概念、研究和实践，包括普适性设计（通用设计）、无障碍设计、导向系统、导识系统、可及性设计等，其中隐含“识别无障碍性”的问题，但是仍然没有明确地提出这样的概念。

实际上，“无障碍”用语本身暗示“可能有障碍”。“无障碍设计”也意味着不良的空间设计可能造成“障碍”，即不良设计的环境已成为人身活动的某种障碍，并造成大批潜在的“建筑残障者”[32]。

通常意义上的“无障碍设计”内容所关注的，如相关建筑规范中所规定的，是在运动和动作的空间尺度上的考虑，为满足借助设备的同时又是“自主”人力和意愿的交通（运动）行为的环境可达性。[72]

因此，现在设计中所执行的《无障碍设计规范》(GB50763—2012)中，包括坡道、入口、卫生间、电梯等，在交通的关键节点处，要求有相关设施，照顾到使用者的体能条件，并规定了相关空间尺度。其中关于“盲道”的规定是一种极端情形。实际上，由“触觉”替代“视觉”的环境导向识别，可以扩大到更一般的人群范围，甚至无障碍“标志”的设计与设置仍有“识别无障碍”的技术问题。

规范中“实施范围”包括城市道路、建筑物和居住区。这些已是全体城市使用者的全部城市活动空间。而将“无障碍”的概念绝对化，以引起“社会主体”成员的注意，已经是社会文明的一种进步。

“行为无障碍设计”当然重要。无障碍设计的用心，尤指面向“残障人群”的环境友好设计，需要有关“残障级”的定义以及人口统计的资料。“残障的定义”是另一个专业的课题，普通的概念可从“残奥会”的比赛级别略见一斑。英国人已经有“一般实用人体测量方法”[38]的研究，并作为“通用设计”的依据之一。

对“通用设计”或者“普适设计”的一种理解方式，如将“人的生命周期”与“建筑物的生命周期”对应，可以清晰地理解环境空间之“通用设计”的价值和行为，即“通用设计”是在“大的时间跨度上的”空间设计；并由此可派生出“空间的全生命周期”的基础研究。

通过“通用设计”预留出空间和构造的适应性，则房屋不仅是人类对空间的占有方式，同时作为现代生活的资源之一，亦如同人生在生活空间上的保险（时间的），其空间的冗余设计同样需要统计的数据和概率的依据。

因而在通用设计的观念下，建筑空间的“被动性”也是“动态性”的，通过如“设施管理”（FM，Facility Management）的行为，对建筑物在其生命周期的某些阶段上实施改造，从而消除集成空间的使用障碍，延续建筑物对行为的“适应性”。

对于环境空间而言，个体的人生在体能和智能上“历时的”变化，所表现出的对环境的各种需求，由于在社会中有多个体的平行存在而“共时地”存在于空间中。在《普遍适用性设计》一书中，用主要的篇幅研究了设备和空间的尺度以及助力交通的方式，容易使人以为“通用设计”的概念只是另一个版本的“无障碍设计”。

即使如此，“识别无障碍”的问题仍然存在，而且更加清楚。如在某一个特定的时刻，不良（或不宜）尺度的空间阻滞了行为的进展，行为者需要寻求他人的帮助。而“不良识别性”的空间，并由于环境的被动无关性，行为在无预警的前提下持续，则可能直接或立刻造成混乱，甚至伤害。

不妨认为，“识别障碍”的危害更甚于“行为障碍”。

美国北卡罗来纳州州立大学的设计中心把“通用设计”原则归纳为七

点，其中有“便利性”的原则，即“不论使用者的经验、知识、语言能力和注意力集中程度如何，都应该是方便使用、易于理解的设计”。“信息容易理解”的原则提到，“不论周围的状况或使用者的感知能力如何，都应该是能够有效地传递必要信息的设计”。[29] 当设计原则涉及认知和信息时，便已经触及“识别无障碍”的概念。

#### 4.2.1.2 识别无障碍性是空间被动性品质的延伸要求

障碍和无障碍是空间建造体系中的固有矛盾，障碍如围墙、长城和护城河等曾是建造的基本目的之一。空间的无障碍性设计也是建造的“一般性问题”，从来就存在，只是在近现代社会才逐渐变成自觉的设计要求，并且这种要求愈来愈广泛和深入。

通用设计不是无障碍设计的简单扩大，“好的设计”是把每一个人的各种需求都考虑在内，而“真正完美、理想的通用设计是不存在的。通用设计的研究者与拥护者也认为，要完全实现通用设计的目标实际上是不可能的”[73]。并且可以看到，在社会文明尚没有达到足够水准的阶段，经济条件的限制使“通用设计”实际上是被搁置的，尽管国内已有硕士论文专题研究了住宅和老年住宅的“通用设计”问题，在理论研究的储备先行的时候，整体的实践却仍然在观望中等待。

空间设计中“识别无障碍性”的命题，实质上，是“城市与建筑设计”的微观尺度研究，通过设计而提高环境的通用水平，“识别无障碍性设计”是相对于“通用”设计的“局限性”而存在，即如果空间环境可以无关的、普适的而可以通行无阻时，就不需要主动地“识别”。人工环境的被动性在能量之外，亦有尺度合宜的意义。

这里的“识别”无障碍性，即环境信息的无歧义、易识别和通畅性，作为空间设计的品质，不是专指对特定地点的“空间定位”的“可识别性”或者“可辨认性”，而是包括为一般运动行为无（自主原因而）障碍的“健康人”的空间使用设计。

“识别无障碍”关注在“运动和动作”等“行为”发生之前的“感知、识别和判断”问题，建立信息通畅、无歧义并易识别的环境。这是空间品质设计的进一步要求，即“识别无障碍”不是仅以“空间可及性”作为“空间无障碍设计”的目标，也为“全体空间使用者”在空间中的“自主行为”之安全性和效率所考虑。

由“身体与空间的关系”所限定的环境设计方法，除了需要研究在静止状态下人体对“空间占有”的情况，更需要以人体的各种运动状态作为依据而深入地设计，以最终形成“被主动建造的”空间的各项预设功能。这是建筑物的被动性意义之一。而在各种运动行为之前所发生的，首先是基本的感官意识，经常是“识别”性质的判断。人的行为对环境有适应性，环境也影响和改变人的行为，而这种改变和影响如何是积极的和无障碍的，取决于人对环境的认知水平。

认知却需要能量，尤其当发生识别障碍时，更加费力费时。这已经有违“通用设计”之“简单直接”和“低体力消耗”的基本原则。“第一次”的建造行为是主动的，而建成的环境应当是被动的、无关的或“简单直接”的。这原是环境建造的基本目标之一。设计是建造的准备，因而在建成环境的实际使用中，当“自主运动行为”与环境之间发生“冲突”的时候，便要检讨是否有“设计的不足”的原因。

但是，正如理想不是现实，道德也必须有法律保护一样，设计总是不足的，设计总是处在趋向完美的过程之中。与“通用设计”相类似，空间设计的“识别无障碍性”也不只是建筑学独家的命题。

#### 4.2.1.3 空间导向标志系统与识别无障碍性

空间导向标志系统或称“导识系统”，作为空间目标定位的一种“被动性”的搜索方法，相当于空间的“使用说明书”，并且这种说明是“实地的”和“实时的”。当用“识别无障碍性”的概念观察“空间导向标志系统”的设计时，问题变得非常容易理解。某种程度上，“识别无障碍性”研究是“导识系统”的理论基础之一。

任何有目的的空间建造隐含了建立空间的秩序和保证行为的效率的意愿，同时“有意义的空间”也是有信息价值的环境。则“环境的障碍性”包括“信息的障碍性”的因素，传统空间的“定位识别性”要求便已经是对设计的一种考验。

城市是生活的平台，而“标志是生存的工具”[74]，这是信息时代的城市生存。

导向标志系统是对硬质环境的“信息补充”，让环境提供“无人在场”的关怀，即信息是个体生存的城市背景，某种程度上也说明信息时代中城市的意义。现代城市是信息的集约体。硬质环境所围合的和承载的是信息。

“空间导向标志系统设计”的专业技术服务已经涉及广泛的领域，包括城市公共空间、大型公共综合建筑、居住区、旅游区、交通站线与公交车辆、地下空间、避难空间、街道夜间环境等，对应着随机的人群。环境（尤其是作为“新”环境）对于使用者来说，存在一定的“陌生性”而需要实时地识别。

专业化的研究已经涉及能够想象的各种因素，如标志的设计与设置、空间的分区指示、“标志标准”的建立，文字标志与图形标志的统一性、标志的警示性作用、标志的色彩和肌理以及光线和错觉、行为者的性别与心理以及年龄与反应，环境的使用者、导识设施系统和空间硬质环境三者之间的相互作用等。

显而易见，“空间导向标志系统”本身并不直接意味着“识别无障碍性”，倒是可以作为应对“空间障碍性”的措施之一，即“识别无障碍”正是“空间导向标志系统”的一种技术要求。在现实中，导向系统设计的社会服务在不断健全，学术性研究也在展开。

#### 4.2.1.4 为“自主行为”安全性的功能性构筑物设计

人体隐含着量度，场所蕴含着信息。在标志和文字的信息系统之外，构筑体的实物也是信息的载体。造型对行为和认知有暗示的意义。[28]

用构筑物（如坡道或楼梯）和空间尺度（如踏步高度）对行为能力（包括体能和反应力）进行补偿和适应，以提供运动便利和自主运动的可能性和安全性，作为一种“通则性”设计要求，已经隐含于建筑设计的常识之中，现在更需要“自觉的”认识，其中包含对设计证据的“循证”意识。

如公共建筑“楼梯单跑18踏步”是对平均体力的预后。而“至少三步台阶”的设计常规适应于人对陌生环境的反应能力。人可以有足够的缓冲时间来调整动作以保持平衡。但当行为人对下台阶没有意识时，只一步台阶便很容易使人摔倒。昏暗中或眩光时，找不到楼梯或台阶的第一个踏步，材料的明度或肌理甚至盲道标志便应该发挥相关作用。大面积无标志的平板玻璃的窗门或隔断，透而不通，撞人的事时有发生。对于房屋顶层的有连续吊顶的走廊，虽然其尽端有同向并开敞的楼梯，但头顶上的（天花板）连续性暗示可能导致脚下动作无停顿，紧急情况下可能造成疾奔时踏空跌落的危险，如图 4-1、图 4-2 中的大连港客运站。

图 4-1　大连港客运站（该建筑物已于 2013 年被拆除）

图 4-2　大连港客运站（该建筑物已于 2013 年被拆除）

这样一些因识别障碍而带来的空间障碍隐患是一般性空间设计问题，存在于无障碍设计、通用设计和标志系统所关注的问题之外，不容忽视。需要强调的是它们最终关系到空间的使用效率和安全性。

如此，“识别无障碍性”是一个广泛存在而又被各种研究方法普遍忽视的问题。

### 4.2.2 问题提出的框架

学术命题的“组成框架”及其“研究方法”是相互关联的，构成了同一问题的两方面，不能简单地截然分开，而由命题的“研究对象”知道，“识别无障碍性”的研究也不是一个孤立的命题，问题的本质是建立由空间硬质环境所承载的公共信息系统。“识别无障碍性”研究的一个学术性目标是形成“空间识别障碍的判别标准”。

#### 4.2.2.1 空间无障碍性包括“识别”和“行为”两方面

关于“空间识别无障碍性”概念的认识，直觉地存在于专业人士的日常意识中，问题的提出也是简单和直接的。当在实践中提出“空间的无障碍性设计应包括识别无障碍性和行为无障碍性两方面”后，其严谨的理论基础建构，仍需要环境心理、行为心理和认知心理学的支持，包括理论、实验和统计学研究。在设计实践和专业服务上，有关建筑物和城市的空间设计研究，如空间设计常规、无障碍设计、通用设计和空间导识系统设计等，都已经渗透着“识别无障碍性”的基本要求。

在空间导向系统基础之上，环境“导识系统”的概念提出之后，作为硬质空间之“附加信息系统”，受到注意和认同，并且知道，在“导”的意愿和“识”的效果之间，存在着时间过程。实际上，这种“时间过程”正是“识别无障碍性”研究的对象之一，而不只是一种识别中的“伴随现象”。并且“识别”也有一种能量的作用，人的行为和心理有“最小能量”的趋向，则“导识系统”仍需要“无障碍性”设计，而这里的“无障碍”意义当是“识别无障碍的”。

导识系统以空间标志建设为主要内容，但“标志”并不是全部，构筑物本身亦具有环境信息的传达潜力，则空间构筑物便需要有可识别性。人的意识对环境也有“下意识的”或“非阅读性的”识别心理，如何才是“像在家里一样，闭着眼睛都能走”？尤其当对环境“不熟悉”的时候，环境的相对无关性，即被动性，原本是人工环境建造的最原初的意愿。如柯布西耶在《走向新建筑》中说，“细节是相同的，整体是变化的”。在这里，不妨理解为对这样一种环境无障碍品质的要求。

通用设计的理念刺激对“设计”的理解。通用设计并不是一个统计规律下的平均值，通过设计达到对环境的期望。设计在环境的全生命周期上不是独立的存在。设计的本质是“虚拟的建造”，即需要通过深入细致和周到的设计而节约环境的建造及其运行维护的成本。对于人来说，一生有智力和体能的变化，要求环境的调节支持。环境只有一个，人的各个阶段则同时存在，通用设计也同时涉及“知觉识别”“器物动作”和“运动行为”几个方面。如公共汽车交通系统，每个人也许偶尔使用，但作为公共生活的支持系统，必须日常地存在和维持。如“通信”（Communication）一词的本意，信息的沟通与传达也是一种“交通”。当读标志的习惯成为行为的本能并形成社会的文化的时候，社会便有义务向公众提供“公共信息导识系统”。与此同时，环境的主动性设计也需要保障环境识别之无障碍性和无意识状态下的行为安全。这是城市设计的深入要求。

环境识别无障碍的研究亦可扩大为“空间信息识别系统”之建立的问题。

#### 4.2.2.2 问题框架的层级

像所有的人工系统的开发一样，我们首先需要确定“空间信息识别系统”的“层级结构”。一个便利的前提是，空间环境自有其物理性空间结构，如城市对外交通枢纽与城市道路系统、城市广场与公园、公共建筑物（尤指综合商业中心或文体中心等）及周边公共空间、居住区与住宅、步行街道等，其空间的定位层级由“特征点”经由“路径”而完成，并包括从“公共识别性”到近人尺度的“行为安全性”和“可及性”等。同时注意到空间意向在时间上的变化，城市夜间的空间识别问题也是重要的研究侧面。

在面向社会的专业服务中，数字通信技术已可以提供个体化的车辆GPS和手机网络数字地图，这是“主动式”的空间定位搜索方法。而空间导向标志系统，作为“被动性”目标的导引设施，其专业研究和职业服务都方兴未艾。同时，建立法规、引导公德、普及教育和形成文化，也是重要的工作。人体测量、人口统计和类型化功能空间的行为模式等，既是通用设计的准备，也是无障碍设计的实践依据。

实际上，识别无障碍性问题的研究正是在近人尺度上的通用设计（Universal Design）实践。基于住区无障碍环境品质的社区参与性设计策划、局域空间 GIS 系统开发、空间导识系统的 POE 研究、空间导识系统与城市形象研究等，都是有待开展的工作。

为“识别无障碍性”的系统性研究及其产品开发，需要城市规划、建筑设计、城市设计、环艺设计以及平面设计等学科的共同参与，并在研究中发挥相关专业各自的学科优势。已经开展的工作有“城市夜间导向系统的空间意象分析”“城市夜间环境识别的问卷设计研究”“住区公共环境的日常行为主体之人群构成研究”“基于住区无障碍环境品质的社区参与性设计策划”“商业空间导识系统设计中的识别性问题”和“基于环境识别无障碍的室内设计中图形视错觉因素的应用”等。

由“识别无障碍性”研究所拓展的“城市空间公共信息系统的建立”的问题是一个可持续挖掘的学术金矿，将作为本书“循证设计”研究的主要后续工作之一。

城市由建筑物和街区所组成并发展，在城市形态形成的过程中，又可借鉴规划学科之“以交通为导向的城市开发”的概念（TOD，Transport-oriented Development），可经由标志系统的研究而拓展路径关联的基本逻辑和设计方法，从而开展“以信息为导向的建筑与城市设计”（IOD，Information-oriented Design）研究。

IOD 的研究可转化为“路径研究”。在此之前，由于明显的与“建筑空间”及“构筑物”的差别，“路径研究”是被相对忽视的，现在由“识别无障碍性”的概念，引申到“城市公共信息环境”的观念，从而进行“空间与行为”之间的交互关系的研究，并可由此超越“面向形态的”传统研究模式。“街道的美学”也得以在优良的无障碍的空间品质的前提下扩大。这里的“路径研究”与“循径问题”（Wayfinding）不完全等同，循径问题研究室内空间的流线、布局和导向设施等[118]，在识别无障碍观念下，并由“触摸维数”大于“视觉维数”，“路径研究”基于“循径问题”中的发生过程，关注当“身体穿越空间”时，人体和意识对“空间界面”的具体构成的（包括对其中材料和尺度）感知和要求。

#### 4.2.2.3 可拓展的理论基础——空间信息模型

建筑学总是反映时代，或者在每一个时代中，人们对建筑与城市的一种理解水平成为对主动设计的要求。在信息时代中，建筑设计的传统工具已被数字化媒介广泛汰换，并影响到“认识方法”的更新。我们已经能够知道，无论 BIM 是否已经数字化，“建筑物的信息都是最完备地受载于建成的建筑物本身”，而且这样的一种观念进一步提示了对“建筑现象”的理解水平，即“建筑物是信息的载体”。城市空间环境同时是一个“公共信息环境”，建筑与城市在使用中也形成了更宽泛意义的“信息系统”。

将建成空间作为一种“信息系统”，从而进一步提出“空间信息模型”（SIM，Space Information Model）的概念。它可以作为“空间识别性”研究的理论依据之一。SIM 与 BIM 不同，BIM 之“建筑信息”指“建筑物的（构成）信息”，即构筑物自身物质组成的信息（同时形成空间布局的几何信息），其模型中的各种数据亦包括社会生产和物料流通的信息，最终对于使用者是“不可见的”或相对无关的；而建成环境“宽泛的”信息系统意义，是建筑物环境“可视部分”所承载的，尤指为人的“空间使用”的有效信息，包括空间功能意义的表达、空间界面、空间尺度、流线导向定位、局部与整体的关系识别等，其中有界面视觉和触觉信息感知的方式。

空间信息模型概念意味着对建成空间的度量在“几何尺度”之外有“信息尺度”。

空间建造的过程同时固化信息，对环境的使用从读取信息开始。

建成物的几何形态本身是信息的载体，是物质化的信息系统，尤其当人在建筑空间中活动时，有信息交换（存取）的过程。历史遗存如长城烽火台的门洞楼梯已经是历史信息的载体，可用于对其使用者之行为尺度的判断。

城市和建筑是信息系统。

城市的发展体现了信息的集约化，信息体现了社会的控制力，当没有信息沟通的技术支持时，正所谓“天高皇帝远”。而信息系统的本质实际上是管理系统的性质，城市公共信息系统的“被动性”要求其自身是自觉的和高效率的管理系统。

环境对于使用者应该是被动的、无关的和自在的。城市是否已有被动性？在“智能建筑”的提示下，有没有“智能城市”？在警察系统之外，市民的日常行为如何自组织、自适应？社会如何无政府却又有秩序？环境设计是注入信息的过程，需要重视设计之于建成环境以及建造过程之信息处理的意义。

信息系统存在存取过程和其中有效率和保真的问题，不是因为以建筑学身份的观察者对“数据库系统”在技术上有更多的熟悉。实际上，因为这样的概念已经是所生活的时代中的常识，“数据”“数据库”已是一种日常语言层面中的语汇。专业的命题也存在于日常的工作环境中，是信息的一般混沌状态，重要的是厘清问题，表述为有逻辑的专业语言，并开发为有现实依据和形式逻辑的学科体系。

### 4.2.3 问题研究的方法

一般认为，人工系统的规则是简单的，其所面对的环境则是复杂的，从而由具体的初始条件到欲望目标的达成之间所完成的理性活动中，其问题和过程构成了复杂系统。[43]识别无障碍性的问题从宏观到细部是城市和空间设计的深入研究，其中有相关理论的应用，有新问题的不断发现，有多学科的协同。从问题的框架中已经可以看出，该问题当是一种复杂系统现象，即问题提出以后，并不是在第一时间就能够得到满意的解答，表现为研究和设计的依据和方法之不足。

自觉的学术研究是一种有依据和有组织的工作。与传统的研究状态不同，当代的建筑学研究在信息资源广泛存在的背景下以及研究者的学术素养和研究经验的前提下展开，即设计和研究不是从零开始，尤其不是“基于感觉的”粗放型工作，而是要全景地预见问题的基本框架，采用最新或最可靠的研究依据和方法，证实或证伪研究假设，使学术研究和空间设计成为一种类似“产品的定向开发的”研制过程，以有利于学科的形成和发展。这已经是“循证设计”的基本思想。

#### 4.2.3.1 循证的意义

循证设计的建筑观以“最佳证据”为核心，要求基于当下所能获得的最好的设计依据，作有依据的空间设计，并因此而检索、遵循最佳证据及其研究方法。而对“命题研究”而言，需要采用最新或最可靠的方法进行系统性的学术研究，梳理问题逻辑，建立派生命题在研究体系中的定位以及逻辑关联，确立问题研究的次第，做到“胸中有全局，手中有典型”。这既是研究方法，也是研究专题。

对于现存各种材料的逻辑组织，如对城市结构既有研究成果、语言学（“导识系统”作为局域的人工图示语言）与导识系统设计经验、环境心理学等有关结论的吸纳，已经是一种对问题的学术性预研究，实际上是形成了问题研究的指导纲要和认知地图。

总之，循证设计思想的全景式视野和历史观，在时间上，意味着具体的设计和研究都不是“第一次的”。命题研究与设计实践同步展开，不是缓慢地积累材料，而是系统的、有步骤的、“干预性”或“介入式”的“定向开发”过程，并形成命题域和研究系列。

“以最佳证据为核心”的要求包含证据的获得、整理、判断和传播等，使“证据”成为有关研究命题的基础知识和基本方法，进而形成可操作的设计规程，而“有逻辑层级关联的证据集合”，最终形成学科的知识系统。证据总与具体设计相联系，社会学调查、参与性设计和案例分析（Case Study）都是证据的获得方法。基于现有专业理论与方法的“设计预后分析”与建成环境之 POE 可作为证据的检验方法，并可发展出如循证医学的“荟萃分析”（Meta-Analysis）的方法。

#### 4.2.3.2 层级分析法

具体地，我们有“层级分析法”以处理研究中的“定性”和“定量”问题，并以“空间尺度”作为一种层级的划分标准。某种程度上，“问题的复杂度”是相对于研究者的观察方法和处理能力而言的，“层级系统分析”正是复杂问题研究的方法之一。

据百度百科定义，层次分析法（AHP，Analytic Hierarchy Process）是由美国运筹学家萨蒂教授于 20 世纪 70 年代初期提出的，是对定性问题进行定量分析的一种简便、灵活而又实用的“多准则决策方法”。其特点是把复杂问题中的各种因素，通过划分为相互联系的有序层次并使之条理化，根据对一定客观现实的主观性判断结构（主要是两两比较），把专家意见和分析者的客观性判断结果直接而有效地结合起来，将某一层次之元素两两比较的重要性进行定量描述；之后利用数学计算方法反映出每一层次元素的相对重要性次第的权值，通过所有层次之间的总排序，计算所有元素的相对权重并进行排序。[148]

前文的“问题框架”已经是“识别无障碍”研究的一种初步层级分析，并隐含“空间尺度”的层级标准。以“尺度”作为一种层级标准，也是建筑学研究的常规方法，这里尤其重视环境设计中“人的因素”，以人体“几何尺度”及“运动尺度”为研究中的空间单位。实际上，“识别无障碍性”的重要研究对象是“近人尺度”的空间“使用效率”，而建筑学术的最终指向是“空间的营造”，表现为具体的环境的“硬质形态”和“空间配置”，这里更包括空间的“界面状态”。

### 4.2.4 本节结语——“循证设计”的案例研究之一

空间环境的“识别无障碍”不是一个单纯的理论问题，需要扎实的基础研究并为设计实践提供依据，尤其是最佳证据。循证设计的理念和由此派生的对空间环境作“信息观察”的方法和认识，有助于识别无障碍问题的系统性学术性研究，从而指导识别无障碍相关产品的系统性开发。实际上，识别无障碍性的问题本身，正是在循证设计研究的过程中被发现。

所以循证具有更广泛的职业价值。

在全部的建造事件中，对于建造目标，循证设计要求建成物的客观真实性；对于建造主体——业主和设计者，循证设计要求全体参与者的诚实的职业工作。因此，与通用设计一样，循证设计和空间的识别无障碍体现了社会发展的一种文明水平。

如果说建筑学之“数字工具”和“绿色目标”是现代建筑学被迫接受的发展要求，则循证设计作为建筑学的一种价值观和方法论，是当代建筑学在信息时代中主动应对的发展方向。而在此一层级上，如果说哲学是爱智慧（philosophy），研究智慧本身的形式和力量；则建筑学的研究及其研究者的行为是爱家园（philoecology），研究空间环境的形态和能量。

## 4.3 本章结语

循证设计的研究在当下，其最典型的行为原来是“设问”。循证的“观察方法”，对于研究者来说，如一介顽童得到了一个高倍放大镜，拿来对曾经认为熟悉的世界统统无辜地照上一番，竟欣喜以为有所发现。结果却“见水不是水”，不免哑然失笑。

理论的研究不是为理论本身的成功或完美，正所谓“理论是对现实的研究”，理论假说尽管可能有失漏或错误，却也“见笑不是笑”，需要等待实践的发展和检验。而建造实践之“现实意义”，除物质世界本身的构建之外，对于学术性“研究”而言，因为理论没办法预见更多的问题，实践则有机会遍历问题的各种可能性。为实践的和谐发展需要研究具体问题。

具体问题中有理论发展的机遇，便是诸派生问题研究的意义，即通过具体问题的研究实践，发展循证设计的思想与方法。

本章所讨论的两个命题——建筑“集成构造”和空间“识别无障碍”，作为循证设计研究的“派生问题”，表面看上去有逻辑的跨越，内在仍是来源于“遵循证据”的基本价值观念。并且派生的是“问题”而不是“结论”，与循证设计概念之提出相类似，这也算是自主发现的命题。对于诚实的研究者而言，这样的问题实在太少，而研究命题本身实际上正是学术研究的最大的和最可宝贵的资源。如此三个派生问题不是传统中建筑类型的功能与空间研究，也仍不脱离基本问题框架，研究工作已经在开展，有的已获得初步的成果并形成研究梯队，期望深入的探讨能够拓展建筑循证设计的实践和理论研究。

### 4.3.1 绿色建筑（四）——集成构造

建筑集成构造是对“建筑物绿色性机能”的一种具体研究。

限于本书的主题和篇幅，对于一些疑惑，研究者现在尚不能给出有足够学术性依据的说明，而只能以从业者的身份发表对行业的基本观念的理解，并表达出对学科传统概念的非传统认识。

建筑学工作的基本假设是自然环境对人类之“不宜居”前提，否则就不需要“人工建筑现象”出现。

地球所承载的能量在时空上分配不均衡（如维特鲁威在《建筑十书》中说“希腊人称为克利玛塔”），使自然环境所能够提供的“宜居”的状态是“有限时段”和“有限区域”的，而“理想的建筑物”则被期望为可持续的、均衡的“能量容器”。从这个意义上说，“人造的”或者“人所需要的”建筑物系统与自然环境有潜在的“对抗性”，表现在建筑构造的各种“目的”之中。在这个对抗的过程之中，基于可建造材料所获得的建筑物的“性能”，相当长的时期以来，或者迄今为止，是非常有限的。无论是设计者还是使用者，对建筑物之空间性能的认同，在其潜在的心理价值中，也以为“只能如此，别无他求”，所以，（在历史上的某个时期）建筑学只剩下“形而上”的研究。

当“形”的体系本身的最主要的性能不足时，即对“能量保存”效率不足时，被能量驱动的各种设备是在向建筑空间中再“输入”补充能量；能量由物质形态而转化，是一种循环的过程。建筑物也需要排放。某种程度上，抽水马桶及其系统是比供水系统和电力照明更重要的，并且是在“空间系统”之外，建筑系统中最重要的发明。延伸来说，智能控制系统是建筑物的“植物神经系统”（区别于主动的思维和行为判断）。

这样一种对建筑物的附会“生物学”的理解，尽管不免是牵强的和机械的，却是本书对绿色建筑的基本认识之一（所以用 Vegetal 替换 Green），也是对建筑设计的基本（自我）要求，并且作为使“循证的思想”由“临床医学”到“建筑设计”之移植的根本（心理）依据，即建筑物与人体之于性能上的“同构”相似性，从而有专业行为的可沟通之处。

绿色建筑是对建筑物“性能”的历史性新要求，并在其建造-运行过程中，体现节能、节材、节水、节地和保护环境的“理念”，而理念需要转化为具体的行为才有实践的价值。在建造逻辑的实践过程中，材料、构造和结构是关键的物质性的成分，其物质形态所限定的空间体系，有能量运行于其间，“当能量转化为形式”，当能量注入形式，当形式保存了能量，形式的体系以及形式的表皮之下，便有如生命体的机能在发生；便是能量对形式的意义，无论用泥土建模或者用肋骨模拟，吹一口气，便最终有了建筑；亦如“当思想固化为文字”，便最终有了哲学，或者其他什么。

### 4.3.2 数字建筑（四）——识别无障碍性

本书的主题是“为绿色建筑的循证设计研究”，硬将“为环境信息品质的‘识别无障碍性’研究”加入绿色建筑研究的文本，并以为是对“环境综合品质”的探讨，不免强词夺理。实际上，因为“识别无障碍性”问题作为一种“派生问题”，仍是对循证设计本身的实践研究，并延伸关于“数字建筑”的思考，同时也是在“全生命周期”概念下对建筑空间与（通用）设计之关系的理解；而对司空见惯问题的新的或不同的理解首先来自“起疑和设问”，从而要求“证据”，便已经是“循证的思想”在发生“思维机制”的作用。

诚实的学术研究，乃为发展而不是颠覆，演变而不必革命；不为刻意的标新立异，却是观察的深入。对循证设计本身的研究，重视数字方法所提示的理性的意义，将“信息”的观念作为基本观察方法，某种程度上，是一种“世界观”和“方法论”。

在循证设计的观念下，证据（及其集合）基于信息之广泛存在的背景而产生，而当设计、证据、循证、环境、品质、信息、标志、色彩、色盲、识别、空间、形态、解剖、生理、机能、人体、体质等“信息关键词”陆续地被动出现并被捕捉时，“环境识别无障碍性”研究命题使研究者亲身实践了如“数据挖掘”或“知识发现”的过程。并且研究者们体验了其间的“学术研究的艺术”。

识别无障碍性问题的深入工作需要“统计学”的研究以获得“识别障碍”的“判别”方法。实际上，《空间识别障碍的判别标准》作为该项研究的主要成果形式和主体的研究内容，受到了《中医体质分类与判定》(ZYYXH/T157—2009）的启发。[115]该标准的研究过程和操作方法中关于数理统计学的应用，包括数据获得和后期处理等，已经体现了循证的思想及其方法的意义，可资建筑学相关研究借鉴。

提出任何一个学术性新概念，不是为把事情搞玄虚，不是为增加目标的复杂度，而是为更系统地厘清问题，解决认识上的混乱，减少行动上的盲目。“识别无障碍性”研究的最终目标只有一个，即通过设计“整合建造的行为”，以获得优良的环境综合品质。而好的“空间设计”，最终节约“时间成本”，甚至保障人身的安全与健康。这也是节约社会运行成本。

如此该命题的主旨，即“空间的无障碍性”，包括“识别无障碍”和“运动无障碍”两方面。

# 5 教育：循证教育诸问题

实践前沿的命题需要有机会进入专业教育体系，对学科认识的新发展也会促进专业教育思想的更新和教育体系的设计。“循证”作为一种人文思想或价值观，无论对教育机构还是对职业教师个体，要求教育实践中“有依据的行为”。“循证”作为一种研究的意识，需要“专业教育的研究”有“教育科学的依据”。而有着建筑学专业和教师职业背景的循证设计研究者容易完成从循证设计到“循证教育”在概念上的跨越。

任何水平上或者视野下的建筑学研究，离不开“专业教育”问题。某种程度上，因为建筑学本身在不断地发展、完善和成熟，任何新技术或新理论，由于与实践的距离和存在时效的问题，都依赖教育的普及并需要时间以进入教育体系，基础专业教育的研究因此也有机会同时成为“前沿的”问题。随着建筑学的发展，建筑教育也应当有其自身的理论原则，并在具体的教育机构中形成各具特色的建筑教育思想。

本章中所要讨论的“循证的教育观”，即“基于证据的教育”（EBE，Evidence-based Education），正是在某教育机构中对建筑教育的现状观察而提出的。与循证设计受到循证医学的启发相类似，“循证教育”是由“循证设计”而派生。在这里，循证医学、循证设计和循证教育均以“遵循（最佳）证据”为核心，其思想是一脉相承的。

## 5.1 从循证设计到循证教育

建筑的循证教育使用循证医学或循证设计的定义结构。建筑的循证教育“慎重、准确和明智地应用当前所能获得的最好的学科进展和教学研究成果，同时结合教师的个人专业技艺和教学经验，考虑学生的价值和愿望，将三者完美地结合，制定出专业教学的课程纲要和教学法”。

循证教育关乎“教育思想、教师、学生、教学体系和教学法”的研究，以促进学院教育与社会需求相结合。一般循证的教育观具有更广泛的“教育科学”的学术研究价值。

毋庸赘言，教育与医学在伦理和行为上有“结构性”的相似之处，同样具有学科背景、从业人员、服务对象三方面要素。“循证教育”观念由“循证设计”而派生，仅是囿于本书作者之认识过程的局限，而在对人的“身心健康”与“技能发展”的关怀层面上，从“循证医学”到“循证教育”的延伸，则几乎是如“自体移植”一样没有任何的“排异反应”。实际上，临床医生、建筑师和教师的职业原应有相同的职业价值观，都需要某种“奉献精神”。

循证教育作为循证设计的拓展，也是循证设计的直接后续研究，如课程体系和教学法研究的“统计依据”以及“最佳证据”的求证方法等。专业教育与工程设计原理相通。

## 5.2 循证的建筑专业教育观

循证的观念更新教师的建筑观和教育行为，循证教育的思想也将扩大教育科学研究的问题集。循证设计的基础工作之一是从业人员的延伸训练和专业教育本身的更新换代，正如现在“循证医学”的大量工作包括对临床医生和医学生的训练和教育。循证医学已成为大学医学专业教育中的硕士课程，也是医学继续教育和终身教育体系中的科目。期望循证设计未来能够进入教育体系，作为大学专业教育和职业继续教育的必修课程。

当下，循证教育的观念能够提示的是，建筑学专业教育需要“向医学学习”，给学生以“受教育者的知情权”，在高等工程教育的“工业化教育”模式中，对个体的学生要因材施教或辩证施教。这样的认识都应当体现在建筑教育实践的行为之中，具体地，如“教学大纲”之面向学生的表达形式以及课程的教学法“实施方案”等。一般地，在建筑教育的研究和实践中，“循证教育的思想”超越了教学法研究的水平，“基于证据的教育”也不只是在建筑设计的实践课中对“基于感觉的教育”的修正。

如果在某建筑学专业教育体系中，没有设计课程，只有各种原理和理论的讲授，设计的实践训练全部依赖设计院承担完成，那么这是理论的和抽象的建筑学。这样的教育体系倒也应当算是一种对建筑学形而上的研究和文化的教育，但是毋庸置疑，建筑教育是“工程教育”。

工程教育的目标面向社会对建造实践的要求。以实践为目标的建筑学教育，当以建造为核心，理论与实践、拆解和整合是同时发生的。从这个意义上说，建筑教育的研究就是建筑学的研究，并且由对“建筑物的设计”的了解而理解对“人才的培养”，教育的过程与设计的过程一样，都是具体的“发生过程”。同时，教育的体系也是开放性的，向具体的学生开放，向学科的发展开放，由具体的教师执行，如此正是“循证教育”的思想。

更进一步，提出“循证的建筑教育观”，并用“循证”的观念首先考察“建筑教育的研究状态”，立刻能够发现，当下对建筑教育的研究存在着对学科背景和教育学理论依据均研究不足的问题。专业教育研究，一方面是对专业自身“学科背景”的研究，另一方面，需要以“教育科学”为“理论依据”。

尽管可以在专业教育中平行地发现教育科学的命题，所谓“人同此心，心同此理”，但是，教育科学的智慧毕竟是专业教育研究的重要资源，对“教育科学”的研究和学习，是对时间和智力的节约，而对“教育科学”的忽视则是建筑教育发展落后的重要原因之一。

### 5.2.1 建筑教育研究作为一种学术问题的认识误区

循证教育要求从全景的视野考察建筑教育的研究状况，开展包括教育机构与社会需求、教育资源与教育思想、教学体系与教学法、教师与学生等诸多方面的广泛研究，从而正确地拆解和提出问题，梳理问题框架，建立派生命题在研究体系中的定位和逻辑关联，确立问题研究的次第；在教育实践中检验研究的结论，遍历命题的变化，有效地预见问题；结束多头的、无序的、自发的研究和写作状态，集中有限的智力和时间资源，从大量的平行发生的案例当中发现有效和最佳的证据。而提高全国的建筑教育水平并为社会需求储备人才，既是建筑教育研究的根本目标，同时也使建筑教育研究本身真正地成为一种系统性的、学术性的工作。

建筑教育不是一个学科，建筑教育也不是一个专业。但是，建筑教育研究是不是一个“学术问题”？

建筑教育研究作为一个学术问题，其基本立场、基本概念、基本结论、基本问题，研究方法、研究对象、研究主体，教育内容、前沿发展、教育科学依据等，应是怎样的？

简化的问题是，建筑专业教育的研究框架如何？“命题集”又是什么？其教育思想、课程体系和教学法研究基于什么样的前提展开？已获得什么成果？

依据当下建筑教育的研究状态，这是一些不容易获得解答的问题，而长期以来多次讨论过的有关“基本概念”的问题，有些却已经进入了“误区”，其中便包括文化、创新、感觉、大师、艺术、美术、整合和电脑等。

#### 5.2.1.1　文化

文化是不可被质疑的命题，而当下的建筑教育，因为“文化”而有太多夹缠不清的问题。“文化”不只是文本，建筑学之文化甚至不能够停留于文本，而是鲜活地表现为物质文化。在建筑学专业教育的视野下说“文化”，不是指宽泛的“建筑文化”，尤其不是囿于建筑的“文化艺术”的流俗观念，而是指具体的日常的“教育文化”，其中包括两个方面，其一是对“设计者个人的人文情怀”的培养目标，其二是为培养学生的全面生活情怀的学院机构的“人文传统”和“知识管理”水平，而二者均以“文化自觉”作为文化概念的灵魂。

为任何职业化工作忙碌的人，大约分成三种类型，即天才型、文化型以及受过专业训练型。无论如何，最终的专业境界表现为文化的养成。则专业文化的培养不等同于专业知识的贩卖。文化的学习甚至是无功利的。为应付考试的教育正是文化的死敌。

“文化自觉”则又是一种境界。文化的自觉表现出个体的生命力，是设计者和设计学生的浪漫情怀和英雄情结。对于群体来讲，“文化”产生于历史的积淀。对于个体来说，所谓“有文化”，主要表现为“对文化的感受力”，通常也与个人的道德认同相联系。这时文化反映为个人的“文明指标”。而当一个教育机构有“自觉的”专业文化和教育文化传统时，便可以不断摆脱“庸俗建筑学”乃至“庸俗建筑教育”的羁绊。

#### 5.2.1.2　创新

“培养创造力”也是一个具有道德优势的话题。但是，“如何创新”是不可以教的，也是不能够被教会的，或者“能教的”便已经不是“创新的”了。

“教育是为了获得自由。”获得自由是受教育的“目的”，也意味着“自由”以他人为前提。这是历史和现实，则同时说明教育和学习的必要性。“创新性”和“创造力”正是经过教育和实践所获得的“专业自由”。不可以一厢情愿地揠苗助长。一味地、无条件地强调创新和创造，已经造成专业基础教育的心态和主旨的混乱。“可实践的创新”需要创新者具备基本的专业知识基础和专业工具的操作技能，专业创新是创造性地并有依据地解决工程问题。设计教育中的创新首先作为一种意识上的储备与“文化自觉”相联系，而不是令学生在无知和幼稚前提下添乱。

如何保护和培养学生的“创新意识”并将其转化为诚实的和有依据的设计操守，才是教育者应当关心的问题。而如果对“创新”的重视只是停留于道义上的说教，那将是一种“施教者的讹诈”，这要求机构尤其是教师时刻警惕自我的言行。

#### 5.2.1.3 感觉

创造力经常表现为“感觉好”。

真正的“感觉”原是一种高级的境界，是专业的“综合直觉力”。“好的感觉”可以跨越中间过程，直接感知到“可以”的存在。

但是，在专业的基础教育和设计课指导中，仅仅基于感觉会有莫大的危害。被庸俗化的“感觉”，是掩盖“证据缺乏”的托辞。如果“感觉”可以代替一切实证，就不需要“空间规范”“结构计算”和“CFD 模拟”了。感觉的价值在于对问题的潜在敏感性。教师个人的专业感觉需要积累为教育机构的智慧，并且超越原始经验而使感觉成为对相关问题的理性的和专业逻辑的传达。

个人化的感觉尤其不能变成判断的全部权威，学生需要对“评价标准”有“知情权”。甚至让学生自己学会判断，也是设计教育的最终目标之一。而对判断的知情正可以引申为“循证设计”的观念。

无论何种水平的“感觉”都是“循证的理念”所质疑的。其中最是令人讨厌的，如感觉之为言语的日常积习之句型定式和思维定势。对所谓感觉的夸大，让建筑学停留在了感觉的水平。建筑学如何能够成为有依据的理性学科？

在具体设计中“无言的灵感”仍是需要的，更重要的却是觉悟之后的行为。简化地，循证之于设计的意义发生于灵感之后的阶段。

就机构教育的职能而言，不能只依赖学生个体的天分；不能停留于或自足于原始的感觉。不以感觉强加于人，循证教育理念实践公平的教育，“考虑到学生的价值和需求”，同时不埋没天才学生的“感觉”。

#### 5.2.1.4 大师

大师或者是由天才所组成的。

实际上，大师之为大师者，皆因其思想与实践给行业带来新价值和新方向，是抽象的众人之师。大师通过作品和话语为建筑学作出贡献，其成就已经成为建筑学的“学科背景”。而具体的专业教学总是由“职业教师”完成。大师可以表演精彩的讲座，却万万不能替代专业教育的全部过程。

对于绝大多数研习建筑学的人，且不说能像大师一样对建筑学作出贡献，而是首先通过诚实的职业工作服务于社会，满足社会的需求，从而获得个人在社会中的价值。这是建筑设计行业“对其从业者的贡献”，也是职业教育的“可雇佣性”目标之一。

学科的基础教育中对大师的宣传，根本上，是要学生对学科本身“知难知敬畏”。建筑专业的教育是实践的和具体的。面对不同的受教育者，教育的方式和目标也应当是多样化的和各具特色的。而对大师盲目崇拜的风气却是一种“泛理想化”的教育，有某种不切实际的幼稚病。如此佛在西天、远交近攻、厚古薄今的脰饤小儒般弄学态度，或者正是“庸俗建筑学”的表现。

一味夸大大师的存在，简单地将大师的作品作为风向标，已是一种“媚俗”的行为。大师不是谁人自家的二大爷，在血统甚至学统上大师都与众人无关。在设计教育实践中，是什么人经常将大师窃为己有，言必称大师，并将大师强加于人？学生要懂得自己去发现、去亲近、去追随、去超越。学生尤其要知道，平凡不是过错。

#### 5.2.1.5 艺术

与大师崇拜直接联系的便是艺术自足。

没有人会愚蠢到否定建筑的艺术价值，说“建筑不是艺术”[76]正是建筑教育家用艺术家的话语方式表达对建筑现象的全面理解。艺术之存在，是所有人类活动中的伴随性现象。艺术是生活的“置顶”，而并非根本的“生存目的”（在这一点上，或许有美学观念的差别）。

艺术目的不是现代建筑设计主要的或全部的任务，建筑教育的思想，为行业人才的再生产，正要强调建筑业的“生产力”作用以及建筑学中的“工程属性”，尤其是当“建筑的绿色性”成为建筑业未来发展的重要方向之时。而艺术总是发生于当生活有剩余的时候。柯布西耶便说过“至于艺术嘛，那总是会有的”。

造型、界面和装饰细节是古典意义的艺术呈现。“音乐是流动的建筑”和“建筑是凝固的音乐”都是古典的格律美学价值。凝固的是乐谱，音乐在时间中展开。运动、交往、行为和能量使空间的艺术在近代以后更受认同。但是空间不只是艺术，空间是机器，空间是机器的零部件，空间是建筑设施系统的以太媒介，空间作为对象是建筑系统的设计工具。对空间的操作技艺及操作过程才是设计师艺术的独家职业“行为美学”。

但是，最要警惕的正是对“空间美学”的迷恋，一如“形式美学”，实际上意味着某种虚假表象。空间美学只是构图原理的3D版，对空间的影像描述也只是构图原理的动画版，都体现的是多年前的建筑学趣味。

#### 5.2.1.6 美术

现代建筑教育中美术科目的浮沉，不是“艺术”的原因。手绘不代表古典艺术，数字工具也不意味艺术新潮。关键的问题在于，建筑师的艺术修养不只限于美术学，而美术也不再是建筑设计的最主要工具。数字技术的发展使美术失去了主要地位，并使现代建筑学开始摆脱美术学或艺术学的历史与理论的观察方法和问题框架，从而使建筑教育脱离出传统美术教育的窠臼。这将是非常重要的变化。这个变化仍没有完成。建筑教育的执行者和研究者都需要清醒地认识到这一点。

实际上，由“设计是虚拟的建造”的根本意义，即使从来没有美术学科的存在，建筑设计也需要“画图”或者“建模”，从而“伴随性地”产生构图的原则。而独立发展的美术学科已经为建筑学准备好了“造型美学”，并且“绘画地”将建筑材料的立面表现“抽象为”对色彩的表达，将建筑空间的视觉研判转化为对透视的研究。因而，在这一点上可以知道，在计算机方法出现之前，“美术的方法”曾经作为建筑设计的一种主要的“模拟研究”手段。这是建筑设计中美术学科的“技术意义”。

更加重要的是，建筑学的美术训练中自有“设计思维”存在。实际上，建筑设计的专业学习，正是从一年级的第一节美术课的第一根线条开始的。“线条的表现力”仍可作为对建筑师专业基础技能的判断依据之一。建筑美术仍具有专业修养的价值。循证思想重视理性却也不是历史虚无。建筑美术所能代表的古典的意趣、人本的活力以及艺术修养的作用仍是积极的。美术典型地代表着建筑教育中“不可数字化”成分的价值。

#### 5.2.1.7 整合

某种程度上，对“建筑教育的研究”就是“建筑学的系统研究”，而“教育体系及教学法的整合”与“学科理论及建造实践整合”之间又存在互逆的过程。实际上，任何专业教育的研究都是典型的“拆解-整合”的过程。

学科体系在一定时期内的存在状态是相对静态的，如建筑学的各种学科原理、理论和设计规范。成熟的建筑师的技能中融合了设计的各种要素，在其设计实践中对于学科原理的运用是“隐形的”甚至是“感觉的”。专业教育的目标，作为从业者的再生产过程，是在个体的成长过程中模拟学科的发展沿革，必须是“科目拆解的、过程放大的、细部显现的、心理解析的、原理证明的”，总之是“基于学科背景的、由具体的教师群体执行的、面向具体的受教育者的、有逻辑体系的和次第发生的”完整过程。这正是“循证教育”思想的基本构成。

资源整合后的教育体系可以得到全景的专业“认知地图”，是教育机构对其所能够提供的教育服务及其产品的知情发布，专业教育的各级整合具有该学科的全面“知识管理”的意义，而知识管理的作用将是大于并且最终会超越现存的教育体系中各科目的划分。实际上，“教学整合”已是要在传统的各科目的知识之间建立更直接从而更明晰的联系，并将教师和学生的综合能力的养成作为整合之后的教育体系的运行目标。

整合需要有效的方法及其工具。挖掘数字化工具对教育的“管理潜力”，将“绿色性概念”和“数字化技术”整合于设计课程的教学过程，使之成为设计教学的常规内容，即“绿色建筑的要求”是被整合的重要对象之一。

#### 5.2.1.8 电脑

数字化设计技术（CAAD）逐渐成为基本的设计媒介。但是，不是

“计算机辅助设计”，而是“设计辅助建造”。实际上，设计抽象于建造以后，设计从来就是被各种媒介辅助的，所以专职的数字化课程教师现在也有了美术教师的感受。建筑学的数字化教育不是单纯地讲授软件使用，或者“通过设计学习软件”，而是“通过工具软件学习建筑的设计”，例如可以使用 BIM 软件讲授“构造原理”。又如对“计算机可视化”的应用，“可视化”并不是第一次出现，计算机的软硬件现在可以做到可视化了。美术工具作为古典的可视化方法被替代以后，美术修养的真正意义更加凸显，可视化也自有其价值。

所以，正确地提出问题是许多学科获得突破的必经之路。建筑学专业的“数字化教育研究”便有两个方面：其一是对各种设计软件的工具教习的专业课程，任何职业训练中原本包括对“专业技术工具”的学习；其二是现代教育技术下的建筑专业教育体系之可视化信息组织（知识管理），以及教学方法及其过程和教育机构管理的全面数字化，即“表达数字化”和“管理数字化”。

### 5.2.2 建筑教育研究作为教育学的分支的研究空白

非教育学专业的职业教师之“教育学研究”，首先是实践的，然后才有从实践到理论的不断递归往复。

现在的问题是，建筑教育研究是不是需要教育科学的依据？建筑教育研究是不是教育学研究的一部分？“专业教育”的研究能否最终回馈于“教育科学”的研究？建筑学院教师的职业行为“以建筑学的名义，作教育学的实践”，因而“教育科学”的意义，其方法和结论，亦是专业教育的发生和研究的依据。

教育科学对于专业性教育，可以提供研究的样式、梳理问题的框架、寻找体系的逻辑、整理授课的经验，从而建立起建筑教育研究的“教育科学依据”，在学界共享学术研究的命题，这也正是“循证教育”的价值所在。人之患好为人师，是常人的自省戒律；而“师之愿好欲人知”，却当是职业教师的自觉信条。某种程度上，专业教师需要时刻留心建造业内有关“生产力”发展的新动向，与时共进地学习“先进的建筑文化”，并通过代表最广大“学生的利益”进而服务于“和谐社会”的构建。这是“循证教育思想”的应时表述。

用教育科学的命题框架考察建筑教育的研究状态，便会发现当下的研究在一些问题上有不同程度的“空白”，其中包括课程研究、教师研究、学生研究、文史综合、评价体系、过程研究、社会分工和综合资源等。同时，“教学法”和“教育数字化”问题也有待系统的研究。

#### 5.2.2.1 课程研究

课程研究包括“课程体系研究”和“课程教学法研究”两方面内容。

探讨专业课程体系是对建筑业实践和建筑学发展进行研究，其中包括对当代建筑学的组成形态的认识、对数字化设计工具的响应和对新建造目标的理解。

这里仍以“人居问题”作为“当代建筑学的基本的核心形态”，可以将其分为“环境行为学”和“环境控制学”两大学科群。根据建筑学实践和发展的要求，检索既有课程体系中的科目设置，以汰换有关课程或授课内容。

在既有课程体系中的课程研究，首先需要专业教育的“历史主义”，即需要知道“课程”的来源。教学大纲中的科目不是“天然存在的”，稳定的课程体系代表某个时期的建筑教育研究水平，其中一些保留科目和训练方法反映了建筑专业教育的基本规律，但是数字工具和绿色目标同样对传统的建筑教育带来巨大冲击。

专业课程之“体系”的概念，意味着需要将“教育过程”作为一种“系统工程”而深刻地理解，而不是流于寻常地使用既有的词汇。而“系统”的概念在这里，有时间的意义，学生在一定学制内（如本科五年中）的专业进阶程度，有“相位”之不同。则课程体系的设计应以毕业时可达到的综合水平为目标。这样一个体系设计的“原则”是有教育科学的研究依据的。

建筑现象是典型的“物质文化”。建筑教育的执行者与建筑理论的研究者一样，都既要探讨“建筑学的命题”，也要研究“建筑物的问题”。这是专业教育的基本内容，并设计“结构有序的课程体系”（顾大庆，2006）。

建筑学的专业教育体系，在学科背景和教育科学的前提下，由从“基础课程”到“重点课程”的层级以及“实践课程”和“理论课程”的线索组成，其中包括对工具使用的训练和创新意识的暗示。

基础课程也是通识课程。建筑是现代社会最经常的生活现象，基础课程中的入门科目与学生的生活常识和基本智力相联系。建筑教育曾迷失本性，一向弄错了建造与设计的关系。

建筑教育的困惑和困难是“设计的抽象性”带来的。实际上，建造是建筑学的核心，设计是虚拟的建造。所以设计是相对抽象的。脱离了“具体建造”的设计教育是相对困难的，尤其是把建筑学“入门教育”搞复杂了。如“构成训练”是更加抽象的，原本应该作为“研究型”的高级课程，而不是被放在低年级作为初步课程。如此对建筑教育的简单辨识也意味着对建筑教育的研究，本质上，是对建筑学之基础和系统的研究。

重点课程也是难点课程。教学的经验表明，就建筑物的“虚实二义”而论，在学校中可以教的，或者经过多年的设计实践以后，后悔在学校里没有好好学习的，是“实”的部分。实际上，这可能正是当年建立学校时的主要课程，其中即有材料、构造、设备、结构和施工。其困难是由原理课程与设计实践相脱离而形成的。

实践课程尤指设计课程。设计中存在“虚”的成分，实际上是不可以教的，设计课所以也是综合性“实验性课程”，是学生的自我实践，并有“强制性”的成分。某些学生便因“不知所措”而抵触。评价不当又会造成“自我感觉不错”的错觉。

设计课程的困顿在教师的专业水准和职业道德的差异之外，课程目标与教学法研究不足是主要原因。一方面，教师之心理医生的作用应大于设计指导的价值。另一方面，由教学实践知道，学生的作业困难往往不是“不知道如何设计”，而是经常“不知道设计什么”。则展开实践课程类似于工程设计的项目分解管理的工作。

理论课程不只是历史课程，需建立以“建筑物全生命周期”为纲要的理论课程体系。重视基础专业教育中理论课程的“建筑学研究”的意义，而不是畏惧或者以为无用。建筑理论之存在，需要通过教育而影响设计者的价值观并形成职业技能，最终作为设计者的专业修养和判断评价能力通过在具体设计中的行为而表现出来。

理论课程与实践课程的两条线索，如 DNA 的二元链条，其“关联键”正是有关“环境控制”和“环境行为”的基本建筑学原理。如此分析所揭示的课程体系中的关联结构逻辑，各科目互相渗透，层级式发展，既是个人的认识过程，也有学科的发展历程；既作为学科“拆解-整合”的依据，也最终整合为学生的设计能力的养成。

所以课程体系研究的宗旨是基于学科背景、以教育科学为依据而最终面向学生的。

必须说明的是，在抽象性之外，建筑教育的另一个困难是学科的综合性，并以综合能力的培养为目标。即使有数字信息技术也不能解决综合性的问题，建筑学有大量不可数字化的教育成分。建筑学科的教育缺乏其自身建构的次第也是一个普遍现象，甚至是学科的特点。大量与专业相关的知识和智慧散布于教科书与教学体系之外，任何课程体系不能规定或包含教育的全部内容。

#### 5.2.2.2 教师研究

在教育科学中“教师研究”的命题表述为“教师的胜任力”问题。建筑学专业不等同于建筑教育职业，会设计不一定“会教设计”。是学生让某人成为教师，正如是工程实践使人成为工程师。“设计课教师的胜任力和执行力”的问题依循证教育的思想，需要同时面对学科背景、职业教师、教育受体三方面要素的价值要求。

当下的建筑教育研究中隐藏了一个误区，并作为一个先验的前提，即某为职业教师者，对于某具体的学生个体，一定知道“该教什么”“能教什么”“教了什么”和“如何教好”。而由教育学“教师作为教育发生过程中的主导因素”知道，“专业教育的研究目的”首先是为了“教育教师”也即为“培养专业教师”的。

教师职业最鲜明的特征不是其从业者“善于教人”，而是为教师者“善于学习”以及“善于倾听”，从而能够做到“守成并且期待”。敢于说自己是在“守成”，已经是极大的自夸。但是，“学科背景”不能是抽象的存在，总是由具体的人和信息媒介所承载。教师研究毕竟不是理想教师的塑造，在缺少集大成者的时候，复合型的教师团队是需要的。在建筑学受到时代发展迫动的状况下，“教师的团队”对学科之纵横（历史与现实）两方面有足够的了解，才能够发现问题，甚至发现前沿的问题。

对于某具体的教育机构，“教师状况分析”是一个敏感的政治性命题。但是，师者心与医者心同为“仁者心”，一样地以慈悲为怀。“心中有私的人，做不得教育家；心中有恨的人，做不得建筑师”。教师研究是教师的“3·15”，所以也是每一位教师对其自身的职业状态的研究。

### 5.2.2.3 学生研究

对学生的“认知心理类型”的判别是真正有意义的建筑教育研究。

当前的专业教育研究中少有基于教育学、认知与创造心理学而设计教学体系和教学法者，建筑教育实践中却发生不同的学生适应于不同的教师的情形。

贾倍思曾将“科尔布的学习模式理论”应用于建筑设计的教学，并发现学生的学习行为有发散、归纳、集中和应变四种类型，则教育的方法也应有多种策略，并认为“应变型的学生较适合于学建筑”[68]。现代高等职业教育在中国如“来料加工”的定向生产，为保证产品质量，有专业潜质的学生的遴选方法也需要有理论的依据。

重视学生中蕴藏的教育资源。

大学原有将具有一定智力水平的青年人聚到一起互相学习并共同成长的作用。学生们在自己熟悉的交流水平上互相教习，经常比教师的授课更有效。

教学法研究中，除了“教什么”和“如何教”的问题之外，同样要了解“学生能够做到什么”（需要统计学方法以获得依据），从而制定适宜的设计课程阶段标准。

学生是最大的青年建筑师群体，而对青年建筑师的研究，亦有“研究者立场”的问题。观察、评价、引导、比较和学习都是研究中的专题。

这里的“学习”指教学相长之教师“向学生学习”，则学生研究也是“青年教师”的自我救赎，在教别人时暗中将自己教会，在培养“卓越工程师”的同时，养成“卓越教师”。

### 5.2.2.4 文史综合

“文史综合”是义务教育的研究命题，对建筑学专业教育之建筑史、建筑理论、建筑批评学等人文类相关课程的整合应有所借鉴，并有“历史、知识、原理、方法、理论、思想之关联线索”等可派生的研究范畴，以建立起有关概念（关键词）之间的多种交叉链接水平。

从课时资源综合调配的意义上，通过文史综合的研究，完全可以将公共课之“大学语文”改造为“建筑专业语文暨文学”，并使它成为与“建筑专业英语”等同的专业基础课程之一；重组出“建筑人文地理学”科目的课程；“马克思主义哲学”“马克思主义政治经济学”等有关课程可在建筑理论中结合建筑建造的发展史一并介绍；推广一些，建筑学专业的“大学数学”课程亦可改由建筑学专业教师讲授“建筑数学”。

在“文史综合”之科目与课时研究的技术性之外，“文史”本身的价值亦应受到重视，文史知识经常综合于建筑学文本批评尤其是对设计作品的解说之中。弄清楚文史知识的真正组成，厘清其与建筑学专业的异同，可避免建筑学伪托文史的扯淡。

“文史综合”亦支持建筑学广义之说。

建筑学的教育乃是对人本的培养，其文化养成、情感价值和专业性格，甚至阅读能力和写作逻辑，均与文史知识和观念的综合能力有关。“文史综合”在“建筑初步”教育中，可放大为对“百科知识”的建筑学观念和系统下的拆解和重组。中学百科之中，皆有生活中的建筑学，是建筑初步教育的基础资源。某种程度上，建筑学专业的大学入门教育是以中学教育为基础的。

#### 5.2.2.5 评价体系

“有依据的设计教学评价方法和体系”研究是建筑专业教育研究的重要内容，不妨是“循证”的评价。

评价体系尤其指设计课“评图办法”的研究，作为一种猜想，或可借鉴“绿色建筑评价体系”的原理。同时，需要了解成绩的“正态分布”规律，“定量的评分”与“定性的评价”之间，不应有大的乖离。尤其重要的是，评分为引导风气和鼓励进步，万万不能因为教师对评判标准的分歧，或者由于道德情感的原因，造成学生对学科“价值观”的混乱认识。

在设计教学当中，设计评价不应是教师与学生的竞争。教师不能通过学生而互相较量，也不能把学生当作为教师个人谋取私利（荣誉）的工具。

不是耸人听闻，某些不良的评价状况的确是现实存在的，其中典型的做法如“规范的讹诈”。在需要个体关怀的时候强调技术的限制，在需要技术理性的时候假借艺术的名义，在评价实践中便应警惕“建筑学扯淡”和价值的错乱。

学生是教育机构的综合产品。学生的成长，其接受教育的师承足迹，反映了某教育机构的“日常教育文化”。评价之为“体系”，也体现于日常的教育文化之中。具体和实践的建筑学教育，重视日常的“评价、评论和批评”。而评价导则或准则应基于建筑批评学和 POE 的基本原理，同时是设计课的“指导标准”和“学习标准”。

循证为建造的和谐，为教育的公平；循证超越个人感觉，是信息水平上的共同价值。循证在教育中首先表现为对设计乃至建造的“价值观”培养的问题，同样隐含着建筑设计教育之“不可全部数字化”的结论。

#### 5.2.2.6 过程研究

建筑教育机构中的日常教育文化包括“人生教育”和“建筑学科”两个方面，其中非常重要的而又容易被忽视的是主动的“情感价值”和“人文情怀”的教育，而教育过程实际上是情感发生的过程。

对设计教育训练过程的“时间观察”，需要认识到，“过程”不是“伴随性”的存在，而是教育学研究的对象本身，也是工程设计专业教育训练和教学法研究不可忽视的内容。

狭义地，需要适时地对学生在“设计课程”中进行“设计项目管理”的训练；宽泛的，是基于建筑学科的历史发展过程的“认知心理”（历时的）以及“学科层级”（共时的）的课程次第关联之体系研究。

数字设计工具超越美术工具的个体化技术，受美术传习影响的“设计方法论”中的“设计过程研究”当被更新。

教育过程研究中将面对“不可数字化的教育成分”。

过程在时间上完成，建筑数字化的意义之一原是提高了工作效率，从而节约了时间。而“时间”本是最重要的教育资源，是教育发生的主要成本。钟表计时是时间的“度量单位”，但是时间作为资源如何被数字化？

在数字化背景下需要着重研究的则是时间资源的高效利用，即包括教学时间的分配、专业课程信息的实时性调度和课程之间有相关度的信息的共时性共享等。

对时间的研究，在教学和教务上的价值，源于相关数字工具在“整合”的基础上所具有管理意义，而教育机构的管理水平也是建筑教育的重要资源。

#### 5.2.2.7 社会分工

职业教育在其发生过程中有社会分工；对工程师的培养，学校和企业各擅胜场。这是宏观上的职业教育的“过程研究”，即在整个社会范围内经济合理地配置人力资源和时间资源。

一方面，学生不能期望在学位和学历教育体系中解决工程师训练的全部问题；另一方面，教育机构也不能因此而有托辞，不能因为设计事务所对新进员工有工程设计的培训，而降低学院的训练中某些科目的水准。权衡的原则之一是“可雇佣性”的要求。

普通高等教育学研究中，就学校的立场而言，有“可雇佣性”的问题，并发展为提出“卓越工程师培养计划”。“教育是面向社会和未来的”，而教育机构首先是面向现实的企业，企业被学校称为“用人单位”。

校企如何进一步合作？模式且不论，合作是关键，则学校与企业之间，有多少共享空间？学校已经是一种企业，教学机构的性质中有某种企业成分。尤其在资源管理和生产调度上，学校需要向企业学习；设计课的执行教师亦最好有过设计项目的管理能力和成功经验。

学院自有其价值优势。机遇永远在，学时却有限，则学校与企业之间，有多少共享时间？茅以升“习而学”的教育思想仍有其现实价值。

卓越计划是政府鼓励的校企合作模式。这是“大众教育”中的“精英教育”，意味着大众教育的某些失职和某种失败。失败的原因之一是疏于对“教师的教育”，从而造成教育机构的失职。

#### 5.2.2.8 综合资源

具体的教育资源是建立教育体系的现实基础。

建筑学专业的教育体系有内在的逻辑框架和时间次第，即该体系是动态的、开放的；建筑教育体系及其思想是客观的和实践的，所以不是主观理想的；普通院校建筑学专业之教育体系的建立，以所能支配的综合教育资源为前提。

一般的建筑学“教育资源”，广义上是世界历史上所有的城镇、乡村和建筑物单体的文明建设成果，以及相关人类现今已经取得的文化积累成就。

狭义的建筑学“直接教学资源”包括：①教育机构的教育思想、学术传统和教学体制；②教师、图书资料、实物样本的数量和质量；③作为偶像的带头教师和高效率的行政机构；④有良好学风的学生集体和学生中的天才人物；⑤学院所在地建筑文化发育水平（包括历史建筑遗存）；⑥作为足尺教具的建筑系馆[21]；⑦互联网公共信息，等等。

有限的优良教育资源集中于传统名校，而普通院校所设的建筑学专业的数量是最多的。资源配置的级差决定“教育思想”和“教育体系”的差异。为普通的或地方性的院系之生存与发展，在其所能够占有和支配的教育资源的前提下，建立现实的、可靠的专业教育体系是当务之急。在全部各类建筑教育的资源中，最关键的因素是人才，而渐次完善的专业教育体系应当“同时是培养教师的”，并以“全面提高教师群体的建筑文化水平”为长期目标和日常作为。

## 5.3 重视教学法的系统研究

“教学法”的概念是“教育科学”学科中最基本的内容，作为“教育体系”之重要的组成部分和具体的执行机制，教学法的研究是其中最活跃的成分。在某教育机构的“教育提供计划”中，教学法的传统也是构成其教育特色的重要的组成部分。

一般狭义的教学法的依据是课程在大纲中的教学目的以及科目间的关联，教学大纲则是专业教育体系的应时物化并需要有“实施计划”的支持。专业教育体系又是逻辑的和开放的，开放于整个学科的发展和个体学生的特质，而教育体系逻辑的确立需要学科的基本逻辑、学科的教育思想以及教育科学的依据。

建筑学的专业教育研究需要深刻认识教学法之作为“教育技术”的“生产力”意义。教学法的研究在建筑教育的传统研究中是最常见的，但由于研究方法不当，所造成的资源浪费和经验流失也最严重；需要多样化的教学法研究样式。不妨说，基于课程体系的多科目的“渗透教学法”是研究的重点，同时“整合的教学法”之实践、研究与传承，是教育机构适应社会的需求、提高教育提供水平、增强毕业生可雇佣性的最基本保障。而经“教学法”的研究，最终形成《建筑学教学方法手册》是建筑教育成熟的标志之一。

一个需要再次澄清的观念是，专业教育研究的首要目标实际上是“对教师的教育”，教学法的学习和研究是培养教师的基本途径。

一方面，在经济与社会不断发展的大背景下，传统建筑学“被迫地”引进新知识、采用新方法、研究新问题，集中表现为被动地接受“数字化的设计工具”；重新理解“建筑”的定义，将建筑绿色性作为行业服务的目标；教师必须不断学习新知识、掌握新技能，摆脱多年以前自己接受教育时的某些落后观念的桎梏，为新的课程目标体系而研究新的教学法应对策略。另一方面，设计课的教学法的研究与实施不是一个孤立的问题。建筑学专业教育训练的核心课程是“建筑设计”，而建筑设计课本质上也是一种“综合性实践课程”。每一个建筑设计课程都包含建筑学的全部内容，因而，所有专业课程的教学成果最终都将体现设计课的综合运用能力的养成。

但是，设计课的这种综合性也使设计教学的内容和方法表现为多年一贯制的超静定状态。教师产生职业疲劳，久而久之甚至形成不作为的消极态度，名为“指导教师”，实际上却几乎不知道应该“教什么”和“如何教”，对其所指导的学生从大学二年级到大学四年级说相同的话，设计课教席几乎是人人可堪胜任而毫无风险之地。麻木的学生也变得习以为常，以为原应如此，实则温水煮蛙。

因此，在建立明确的设计课“阶段性教学目标”的基础上，突破传统教学中的对功能、造型、空间等过度的“文学描述式的软性解说”，而突出建筑设计课程“有技术依据的硬性教学”的本原，寻找超越“基于感觉的设计课教学法”的有效途径，也是当下设计教育实践中亟待解决的问题，也是“循证教育”所要求的。

### 5.3.1 教学法的意义

教学法之学习和研究首先需要对“教学法的意义”有正确的认识。教学法的研究不只是教学经验的总结，更是基于经验而超越个人教书艺术的教师职业的技术性工作。

教学法是实践的。正如有《交通规则》和《驾驶员手册》不意味着拥有驾驶资格和驾驶技术一样。他人文本中的原则和案例，必须在教学工作中具体地落实，才能有实践的意义和操作的价值。

教学法是具体的。教学法是针对不同的学生和科目而存在的，体现“因材施教”和“辩证施教”的教育思想，而不是仅属于某位职业教师的个人“授课风格”。应机而动的教学能力体现教师的个人魅力，教学敏感与设计灵感一样，是某种境界达成后的实施效果。

教学法是技术的。教学法是对教育过程的“技术性研究”，正如对于在实践中的建筑师来说，建筑设计不只是艺术创作一样。对于在某教育机构中的职业教师而言，高明的教学法也不只是个人的才艺展示，而是对教育质量的保证措施。

教学法是整合的。在设计教学的过程中，各种类型的“设计工具”进入设计过程的“时序”也是“绿色建筑设计教学之整合方法”研究的基本内容。

教学法是团队的。一个具有教学法研究传统并能够良好运行的建筑设计课年级教学组，不会因为个别教师的替换使整体的教学水准受到大的“不良影响”；而发挥团队的作用也是“教学法整合”研究的意义之一。

### 5.3.2 教学法研究样式一例——建筑教育叙事

教育体系的设计和教学法的研究，根本上，反映的是教育提供者对本专业的理解水平，有教学大纲，也要有实施方案，有具体的教学法储备。机构式的大学本科教育不是个体化的“师傅带徒弟式”的私塾教育，需要为机构教育的“全面体系结构”的研究而积累学术基础，形成研究团队，养成教育文化。

教育的经验与智慧很大程度上以故事方式存在于或内蕴于故事之中。“教育叙事”研究是教育科学的研究内容之一，是“教学法研究”的重要方法，近年来在义务教育领域中受到越来越多的重视，在高等工程职业教育中尚鲜有报道。但是，由于建筑学的学科特点和艺术类教育的特殊性，教育经常是一对一的，教师与学生之间有更多的对话和交流的机会。“叙事”的教学方式在建筑学的设计教育中大量发生，尽管是自发的、零散的和随机的，却也经常是生动的、机智的并有效的。“叙事”已构成建筑教育丰富的“非物质”的教学资源。不妨认为，“教育叙事”的研究样式和方法，几乎是“专为”建筑学教育的“教学法”研究所准备的。

典型的建筑教育叙事案例如赫茨伯格在《建筑学教程》“导师教程”一节中所记载的约 63 则大小事例，其中便有阿尔托讲过的“房子本身还在，但所有的建筑都给吹跑了”的故事。[25]可以想象，苏黎世工学院“沙龙教授”的日常工作，也多是叙事的传播。

相信我们每一位设计课的教师也都经验过大量生动有趣的情境，并留下脍炙人口的故事。有些甚至成为某教育机构的经典记忆。建筑教育叙事关乎“民间”教育智慧的积累，叙事的资源也大量地蕴藏于学生之中。教育叙事是传达交流教育经验的绝好途径，其中记录了丰富而生动的教学生活，尤其是师生之间的互动故事。

教育叙事有教学法的直接应用价值，既可以作为授课的开场白，亦可用作例证的解释语。叙事产生于教学大纲之外，是教育体系的圆融和补充。建筑教育叙事直接面向教育过程，发生于设计课堂内外，是师生所共享的。其中各种案例记述隐含了专业教育的意义，并使教育过程被还原成为生活本身。

教育是实践的。专业教师的授课实践，基于对学科的理解、教师的实践经验和研究成果、学生的具体要求和现实状况。这已是“循证教育”的理念，叙事的材料便可成为循证依据的案例。而一般的关于建筑教育的研究，由于方法失当，已经造成这些鲜活的专业经验与教育智慧的大量流失。因此在教育机构的专业教育体系和课程研究之外，宜尽快引进、重视并开展建筑教育叙事的写作与研究。

建筑学专业的教师，理想中，做知识分子是宿业，做建筑师是专业，做教师是职业，则专业学术、工程技术和教书艺术是高校教师三位一体的天职。换句话说，职业教师需要对专业教育与专业学术同样地敏感，从“建筑教育叙事”的研究开始，了解到“教育科学”的存在，以教育科学为依据，提高建筑学专业教育的研究水平。

## 5.4　建筑教育之数字化论题

建筑数字化实践积累了软件工具的应用经验，并影响到对设计的理解和设计教育的发生方式，更使传统的建筑教育体系不断受到数字时代的观念和技术的冲击。但数字建筑和数字设计工具本身并不直接意味着建筑学的现代性，数字化也不是建筑设计和建筑教育的全部未来。随着传统CAAD走向终结，信息水平上的“循证设计的价值观”甚至“循证的教育思想”，必将受到设计界和教育界的广泛重视。

对数字建筑的研究，不可避免地触及建筑教育问题，不是研究者身份的原因，而是因为在研究中，数字化影响到建筑学教育的“发生体系”。在对建筑数字化诸问题的探讨当中，提出设计行业自身对“工具订单”的要求。实际上，最具创造能力的工具正是建筑师本人，而“人本”从来就是最能够被集成化的专业“工具”，其中最优秀的分子甚至能够令整个行业有惊喜和意外。匠师或大师总依赖于专业基础教育的初始化栽培。教育则应时而变，让数字化知识成为信息时代的文化。

数字化工具与信息网络技术被期望带来建造体系的变革，尽管宣称体系的变化总是一件冒险的事情，无论如何，教育是为了获得自由，教育为未来并发生于当下，教育是变革的储备。在信息时代的背景下，有关建筑数字化教育问题的研究既要研究具体的 CAAD 课程教学法，还要研究建筑教育体系的存在和发展状况。

### 5.4.1 数字工具的简要类型

与设计相联系，CAAD 工具一般可以简要地划分为“建模”和“模拟”两种类型，是面向建筑物的“综合性能设计”的技术工具。如果认同当代建筑学（学术和实践）的基本构成形态的两大组分，即“环境行为学”和“环境控制学”，则数字化工具之“建模和模拟”正对应了当代建筑学的基本工作目标。

数字建模工具与美术方法一样，是具有古典意义的建筑设计工具。

如参数化的造型研究不只是“创造”或“生成”存在于一般生活经验之外“新的”造型美学，在建筑学专业教育层面，是引导学生研究造型的“可能性”，同时包括线性和非线性。参数化造型设计工具有一定的局限性，抽离了行为或者人的因素的纯粹“造型研究”，或者纯以造型为设计目的（如“找形”），实际上仍是“古典建筑学”的工作方式。

数字模拟工具与建筑相关技术科目有关，尤其用于“绿色建筑设计”以及“建筑性能评价”的教学。无论如何，CAAD 工具需要与传统的“保留科目”全面地融合。简化地，在现阶段，“基于 BIM 系统（如 Revit）的材料、构造课程”“基于建模工具的图学课程（画法几何与阴影透视）”“基于模拟工具的建筑物理课程”等更加容易建立，并且成本相对低廉。

从“建模”和“模拟”的意义上理解传统工具的价值，可以知道，传统的设计工具表面上看似与建筑美术的一些技巧有关。实际上，建筑美术技术在对建筑实物造型研究及其空间设计的运用中，同样具有“建模”和“模拟”的性质，甚至从来就是“可视化”的工作方式。

传统中通行的“工具训练教学法”以专门的科目训练（如美术课）与后续的循环实践（在设计课程中）相结合的方式展开。而早期的 CAAD 工具之使用与教习也沿袭了美术工具的工作模式。如 AutoCAD 和 SketchUp 等，与尺规笔纸一样，表现出“通用工具”的一般共性，只需要高中的同等学力就可以自行掌握，并且是某种“身体记忆”的技能。

与传统的“通用工具”相比，当下的“面向设计的”数字化工具则是专业化的“定制工具”，其中整合了更多的专业的“目标、规则和方法”，即数字工具对“专业行为”具有更高的集成度，其“工具使用技能”的建立需要有更全面的专业知识的修养作为基础。

当CAAD全面发展到数字化工具的水平时，其意义已经不是单一的CAAD软件产品，而是一系列相关工具的集成，对应于设计过程的各个阶段性目标，在专业教育中则对应于一系列相关科目。正如“每一次设计或者每一栋房子都包含了建筑学的全部问题”，数字工具的教习也需是全面系统的和逐科渗透的，并且有利于在建筑教育中使学生建立起BLM的概念。

另外，工程实践要求专业教育必须重视建筑的物质性及其生成过程，“实物模型”作为一种设计的工具和方法须受到重视。在空间体验的真实度上，“触摸维数”大于“视觉维数”。对于“空间全因素”建筑模型实物的研究，即“直接模型的训练”，为数字化模型的设计方法提供空间感受的真实体验。“真三维”空间物品的制作使设计成为虚拟的建造本身。无论如何，数字化虚拟现实技术不会是全部的或唯一的建筑设计方法。

### 5.4.2 建筑教育资源数字化

建筑学专业教育的目标是“面向能力的培养”，最终体现为对建筑师工作方式的养成，其中有三方面的问题：“建筑学的问题”“建筑物的问题”和“建筑师的问题”。这些便是教育资源数字化需要面对的基本问题。而各种数字技术中，“信息模型”和“可视化”是最有价值的方法。

“建筑师的问题”使学生最终形成建筑设计工作的职业价值观及其行为方式，其中有“不可数字化的成分”。但是，建筑师处理各种媒体形式的“综合建造信息”的“工具”。在现代的概念下，知识管理（包括个人的和企业的）是有关问题的研究，当引起教育的重视。

“建筑物的问题”现在可由基于BIM的系统所表达。作为一种数字化、可视化、结构体系化的信息模型，包含建造信息之“可数量化”的成分，如材料、结构、空间尺度和行业规范等。在BIM之外，作为一种耦合式的、系统完形的工作，我们已经提出有“空间信息模型”（SIM）存在的可能性，并以促进对空间中感知行为的研究。

对于“建筑学的问题”，由于建筑学一般知识体系的存在状态及其复杂性，其数字化仍是一个需要不断探索的课题。学科之既有的“概念文本”的数字化是相对容易的，如有关 IFD 已经完成的工作。但是，对于建筑学教育而言，各种概念（包括技术和人文的、空间与行为的）之间的多元联系和逻辑次第则更为重要。研究表明，这种观念之间的联系不是线性的，亦不是二维的，而是某种“多子集的 N 维空间系统”，需要一种有效的软件工具处理这种“建筑学概念系统”。某种程度上，这是建筑教育对 CAAD 系统的发展提出的要求。

#### 5.4.2.1 BIM 概念下的建筑学教育信息模型（AIME）

即使是基于相同的建筑学学科的知识、原理、方法和工具，专业教育与职业实践二者在目标和过程上毕竟有所区别。BIM 系统主要是面向职业实践并且以建筑物的信息描述、信息交换和生产组织为核心而研发的。

一方面，尽管 BIM 思想本身不是具体的设计工具，而依据 BIM 的思想所开发的工具系统（如 Revit），提供了一种描述建筑物体系的数据结构，并表现为软件菜单组织结构的设计，已经逐渐为软件用户所熟悉。

另一方面，BIM 同时作为建造信息之共享数据的交换机制，包括数据结构组织的方法等，有关研究正在展开，如 NBIMS（the National Building Information Modeling Standard）正在进行的工作。这项研究的一个直接的派生研究是“建筑学专业教育之信息模型”。

在 NBIMS 中 BIM 已有 User-Facing Exchange Models 和 Vendor-Facing Model，教育者更敏感于专业教育的发生过程，BIM 应当有 Education-facing Model，并可以有“建筑教育体系的全面数字化”相关推论，包括对建筑学知识的可视化组织和教学过程管理的数字化系统的建立。

受 BIM 的启发，并作为一种猜想和对 BIM 的拓展，建筑学专业教育之信息模型（AIME，Architectural Information Model for Education）是对建筑学知识系统的研究和表达。依据专业教育的特殊要求而建立的 AIME 系统，其中包括专业知识的逻辑组织、建立概念之间的内在关联等，该系统的研发思想以“认知的基本过程”和“教育的培养目标”为依据。实际上，BIM 的研发技术和网页之间的超级链接技术已经可以成为 AIME 系统开发的技术样板。

#### 5.4.2.2 可视化对建筑学理论科目教学的工具意义

AIME 意义的系统研究的基本方法，在关键词水平上，并通过建立关键词之间的（可视化）联系，将超越传统课程科目的既定结构，并可能会改变传统教材的形态。

从这个意义上说，对建筑学专业教育的研究，同时也是对建筑学本身的研究，并且其中可能出现学科前沿的研究命题，如建筑学的知识发现的研究。AIME 系统也是保守性与开放性同在的，对 AIME 的不断维护将积累建筑教育中可保守的价值。面向学生之自主式研究型的 AIME 可以提供学科的全景式认知地图，同样表现在 AIME 的菜单界面的设计之中。

AIME 作为一种猜想或推论被提出，也是因为计算机“可视化”概念和技术的发展。实际上，无论古今中外，建筑的设计一直在可视化的方法下展开。建筑设计工具系统的发展，也因“工具可视化能力”不断进步。不是因为设计的对象是物质的、造型的和具象的，而是因为可视化对于设计过程而言，具有直观地辅助思维活动的作用。这才是问题的关键之处。

在图示方法的操作之上，设计过程中的“隐性”思维活动，无论是分析的或者综合的，首先需要可分析和可综合的材料。设计创新首先是理念的创新，源于对既有概念的加工或扬弃。

知识、原理和理论所构成的教育信息由图像、文本和数据的形式组成，并可以进一步拆解为图示、术语、原理、公式等。其保守的、稳定的、静态的成分作为学科的基本组成，在教学体系中表现为一系列“科目”，集结储存在原理或理论课程的教科书之中。

建筑学的知识、原理和理论是建筑设计构思中的基本材料，需要通过教育以成为设计者的专业知识背景。

但是，文本信息的存在方式是一维的，概念之间的联系以及语义的生成需要在阅读中展开。这是书写文本作为思维工具的维数局限。如在《建筑模式语言》中，为突破线性文本的障碍，该书自行提供了每一模式在全书的模式系统中的次第脉络，显现了隐形在线性目录中的模式之间的逻辑联系。这已是一种初级的模式思维导图。可以设想，《建筑模式语言》将采用更直观和更优美的“可视化”表达方式。实际上，这也正是我们在指导学生研究《建筑模式语言》时使用的方法。这意味着，图形的数字可视化已基本解决；概念在文本上的可视化才是问题。

概念只有存在于关联系统中才有意义。可视化方法，如在 AIME 系统中所设想的，将概念表达为直观的、关联的、全景的思维导图，使理论学习以及设计构思一定程度上成为显性的活动。这才是设计工具辅助思维活动的意义。概念的思维加工是建筑设计中对“非数量化”信息的操作，不是传统 CAAD 工具所能承担的工作。而数字信息是被注入能量的信息。这种电力驱动的信息，其可视化是实时的和动态的，建立概念之间可视化的多元联系，从而辅助思维活动。而思维活动本身的特点正是动态的、活跃的，有时是不可预期的。

实际上，对 AIME 的意识和行为已经潜在地和零星地存在于设计教育的实践中，而将潜在的意识转化为明确的研究课题正是现代“知识发现”的生活原型。其中“假设-验证”的过程更是学术研究的基本方式。

### 5.4.3 重视建造实践的训练

设计是虚拟的建造，设计是辅助建造的。在数字技术支撑的现代建筑教育体系中，“建造意识”的养成也是建筑教育的核心内容之一，并发展为“数字营造”的概念。

传统建筑教育体系所受到的冲击不只来自“数字化”的发展，新的建筑师职能的观念也影响到教育思想的变革。如果“项目管理（PM）”的过程被接受为“设计前期-设计-建造-运营一体化”过程的运行机制，则 PM 观念下的建筑教育模式的中心思想就是“以建造为一切教育训练的宗旨”。过往的有关建筑的技术性和物质性的教学停留在单体建筑物的静态解剖上，材料、构造、结构和设备等是分别授课的，着重原理的讲解，学生少有机会明确地在模拟设计中实践应用，即使有也是零散地纸上谈兵，缺乏技术观念鲜明的综合设计过程，遑论对于建造的认知和重视。

建造的实践性是数字化教育中不可忽视的问题。

在当下的条件下，除开某些建造实践的课程，在师生力所能及的前提下，在高年级（如四年级下学期）开设全学期的“建造的全面设计课程”（Overall Design Course），取代以往的单项专题设计训练，以与“全面设计解决方案”（Overall Design Solution）的建筑师新职能相接轨。“建造的全面设计课程”包括场地环境考察、建筑开发策划、任务书分析与编制、初步方案的产生、材料构造并结构和设备的协同工作、简明施工组织计划等，简而言之，设计的教学应进入“扩初阶段”，并适量进行施工图的设计与图纸制作，指导教师应包括设计、材料、构造、结构和设备等科目的授课人员。

## 5.5 建筑教育研究的问题域

在生产方式和劳动工具发生改变时，所有职业都会同时有专业教育问题的产生。专业教育反映了学科的基础研究和学术实践水平。建筑教育不断地被研究，是建造行业发展的要求。而建筑教育学的观念最终关系到建筑师再生产的质量与效率，决定职业服务的未来走向。

当下，与实践的发展相比，就专业教育的现实而言，建筑学本身亦仍处于现代化的初级阶段，换言之，是处于“集成化”大发展的前夕，仍需要等待信息处理和管理技术的广泛应用。与此同时，建筑教育须梳理“问题系统”，引入教育科学概念，使建筑教育研究真正成为一种学术，并期待与建筑学共同进步。

建筑教育研究有下列问题域及其关键词。

1. 教育机构的教育文化储备

包括教育、教学、教务、教学法、教育学。

2. 教育科学研究

包括入门教育、知识管理、创新意识。

3. 教学法体系

包括全景的学科视野、多重的训练循环、全息的知识系统、多元的文化情感。

3. 知识系统与课程结构

包括建筑物、建筑学、建筑师。

4. 设计课

包括工具论、工程学，建筑史、建筑学，设计论，等等。

5. 基于汉语系统的基础概念

包括图纸、工具、空间、场所、形式、设计、则例等。

## 5.6 本章结语

由“循证设计”到“循证教育”，这是建筑学知识在其专业教育中的日常存在状态，使“建筑教育研究”成为“建筑循证设计研究”的实验室原型、结构参照物和病理解剖标本，并因此派生出对专业教育相关问题从基础理论到实践做法的一系列探讨。

以循证教育对感觉的质疑，是出于对“感觉”概念之表面化的仿赝和庸俗化的泛滥的厌恶，而不是矫枉过正地拒绝“感觉”（Gnosis）的真实价值。实际上，天才的直觉是基于某种潜在的标准的，重要的是“不停留于感觉”。循证尤其注重对感觉和灵感之后的行为的考察。在教育机构的传承中，使灵动的感觉积累为案例（教育叙事），以案例支持教育理论研究，在理论研究中培养教师的职业情感。

教育学的纯粹理论性研究最引人入胜。其理论思辨的愉悦，其旁征博引的乐趣，表面上可以满足研究者或写作者之小聪明的输出欲望。但是，教育的研究是为历史负责，需要“大智慧”，而更加重要的是，教育的研究也是具体的和实践的，需要“高情感”。

专业教育研究的本质价值是对教师的教育，是对教师的培养。实际上，教师的职业特点不是善于教书，而是“善于学习”。建筑教育的实践者和研究者需要“教育科学”的基本素养，而以教育科学为基础才是建筑学教育研究得以学术化的必由之路。

建筑学教育是世界范围内的永恒话题。发展“与国际接轨的”和“面向未来的”建筑教育能够振奋人心，但诚实的、循证的、具体的和实践的建筑教育，首先需要立足本土并研究现实，正本清源并回归基本问题。

“进入21世纪以后，很多国家开始重新诠释建筑学。”[69] 21世纪初日本人有新编建筑学专业教材出版，已有一部分被介绍到国内，如《新建筑学初步》和《建筑学的教科书》等；英国人也有 *How Designers Think* 和 *What Designers Know* 等，前沿的理论著作 *Space is the Machine* 亦“不可避免”地说到专业教育的问题；美国人有《建筑教育》，主要介绍建筑学的前沿研究，该期刊是教育教师的；2009年出版的 *Evidence-Based Design for Multiple Building Types* 专辟章节讨论“循证设计”对建筑教育的挑战。

方今之时，21世纪已进入第二个十年，时不我待，重视“循证教育”的研究，发展“循证设计”的理念，使建筑教育研究本身真正地成为一种系统的学术性工作，正是我国建筑教育界得以跟随世界脚步的一条途径。

## 循证思想（四）——建筑教育

形意拳是上乘的传统拳术，经过几百年的发展形成了自身的武学文化。据闻其每一招都有“练法、演法和打法”[71]，各法有关联，有次第，整合为功夫的境界。如果随意地将“演法作练法”，将“练法作打法”，则会迷失形意拳的真谛，而打法又实则是空而不教的。

初步课程的“练法”和构造课程的“演法”是现实中建筑学教育需要重点研究的问题，也是成本相对低廉、容易产生效益的项目。

“建筑学初步”以中学百科为知识基础，以高年级入学资格为目标，调整适度的学科抽象性，是专业训练第一次全景式循环。

而“建筑构造”科目的教学是建筑学专业教育的难点，典型说明了建筑教育之“迷失本性”的现状。

作为专业教育体系中的科目，如果不能与其他科目建立任何联系，就会失去存在的意义。

需要基于某教育机构的建筑教育思想，在整体的教学体系的目标下，发现和研究“所有的”问题。解决了根本问题（如以建造为核心），所有的问题有时会同时找到解决的办法。

# 结　语

任何一个学科，其前沿的理论迟早会变为学科或行业的日常工作概念甚至生活常识。循证的命题来自职业实践中的意识，来自对建筑学科和教师职业的理解。而一旦通过“循证医学”注意到“循证”一词的存在，由人本的生命和健康从而对医学的天然的信赖，并由建筑学“专业尊严”所支持的“职业对等”的用心，便好如猎犬嗅到猎物，（再而三地）“摆脱不掉”诱惑，终不能放弃追逐。并且，任何水平的建筑学理论研究，其中积极的成分必将反馈于建筑设计的实践之中。

本书涉及了现代建筑设计之工具、目标与行为诸问题，由对“循证医学”的学习而发展出“循证设计”的概念，并拓展了一系列相关派生问题的研究。

数字工具和绿色目标构成建筑之“设计-建造”全过程的始终两端，是当代建筑学科被迫的转变。建筑学需要有主动的应对方案。在建造的全生命周期内，找到有效和可靠的方法，在工具和目标之间建立联系。

数字工具仍是工具，绿色建筑就是建筑，循证设计还是设计。这不是一个单纯如“用数字技术设计绿色建筑”的问题。绿色建筑甚至不是一个设计问题，不是一个“可设计解决”问题。

数字化可以做什么？绿色性需要做什么？简而言之，对信息的处理，对证据的需求，对自然的学习，循证设计正是数字工具和绿色目标之间的桥梁，是现代建筑学工作的主动的和理性的行为。

托马斯·赫尔佐格多年来倡导“基于知识的设计”的设计哲学，“建筑师绝不能故步自封，要不断地思考、研究和学习”[5]，而这种学习的过程也推动了技术的发展。循证设计——基于证据的设计，亦旨在建筑设计实践中突破传统的“基于经验的设计”，或即“基于感觉的设计”。在信息数字化的观念与技术的支持下，循证设计整合学科与行业的传统，研究设计与建造发生过程中的各种复杂性因素，其中包括三方面的内容：学科智慧、从业人员和服务对象。循证设计的发展将是一个长期的行业建设的任务，循证设计自下而上的研究需要自上而下地推行。

无论如何，建筑学“将总是基于知识的”[117]，并作为全社会整体的价值观之一。循证的理念要求设计者做“有依据的设计”。

循证的设计价值观，首先由探讨数字时代建筑设计的相关问题而发现，数字化提示了对建筑学之理性的“思维和行为”的要求。为设计的理性证据之获得，EBAD 研究可引入更多的数理方法，将是 CAAD 发展在未来的延伸。深入地理解 BIM 和 BLM 的价值时，BLM 是一个重要的、具有生态学意义的概念，BLM 与建造逻辑有相关性。EBD 发生于 BLM 的 DLM（设计的全生命周期）之中，DLM 本身也将是一个值得专题研究的问题。

循证设计的概念提出之后，立刻与绿色建筑产品的研发相互联系并进一步发展，绿色建筑最需要“有依据的设计”，尤其是关于建筑物之绿色机能设计的预后依据。建筑物机能和设计预后的概念在从循证医学到循证设计移植的过程中变得清晰，是建筑学向医学的主动学习，建造信息以及依据的知情权和设计的社会性等也都是这种学习的心得，而作为关于循证设计的初次研究，研究者所重视的一个“认知”便是“设计的社会性”。这种“社会性”隐含在循证的三要素——学科背景、从业者、服务对象之中，使任何“循证的职业”的共同人群不是孤立的，不是自足的，也不是被动的。

这当是建筑学在信息时代的发展。全球范围内的数字化进程深度刺激了传统工业部门的工作形态。在建筑物的生产过程之中，设计的手段已经发生了巨大变化，建造的目标也潜在地改变着传统房屋的价值定位。以这样的前提去观察工具和目标之间的发生过程，会发现其中有许多空白需要填补。在数字化设计手段的现实条件下，在“精致性”和“可持续性”的建造目标的客观要求之下，现在可以这样认为，“循证设计”当是与“建筑数字化”和“绿色建筑”平行的概念，并且是有关设计方法、学科智慧和专业教育的整合。而设计方法与学科体系的变革是一项需要全体行业参与的工作，在理论上的概念可转化为实践中的操作方法、可转化为生产力的行业行为之前，其行业从业者的价值观的更新将成为首要的工作。

循证医学已经开始成为医生职业的一种基本的价值观。循证医学源于现代医学的发展和各种医学信息的泛滥，循证医学致力于在医疗信息广泛存在而临床医生又无暇更新医学知识的矛盾中，建立有关文献有效使用和最佳证据获取的方法和原则，进而派生出一系列基础理论研究和医学教育实践。

在数字化、网络化信息的背景下，建筑学与医学身处的环境是类似的。但是，一个不能忽略的前提是，在循证医学正式形成之前，有关流行病临床病案的数理研究已有几十年的积累，形成了医学数理研究之方法的基础和行业行为的文化。在这一点上，建筑学的储备是贫乏的，尤其表现为多年来所积累的有关环境行为学和环境控制学的文献，缺乏成为设计证据从而在实践和理论中进一步发展的机制。

循证设计的发展面临更加严峻的现实，需要更多的基础工作的构建，包括学术研究方法、设计交流方式和教育发展方略，循证设计所以也是对建筑学、建筑设计和建筑师的研究。循证设计既保守，也激进，适应时代的发展趋势，并首先要求建筑设计职业和建筑师本人建立新的技术社会背景中的新的价值观和职业行为方式。

对价值观的要求最终将会表现为人的社会行为。为绿色建筑的循证设计研究将超出绿色建筑的苑囿。建筑学的循证实践将与医学一起使循证成为一般的社会价值。

但是，现实中，如绿色建筑的发展现状，就其理论研究、实践成果和进展速度而言，已经不只是一个建筑学的专业技术问题，而几乎成为一种“关于建筑学的社会学问题”[12]，这便需要再一次呼唤哲学家的智慧。

绿色建筑、建筑策划、建筑信息模型、建筑全生命周期控制以及建筑环境使用后评价等近 30 年内陆续由国外引进，逐渐为学界先觉者所重视，而行业的整体实践水平，在如上几个方面，仍大大地落后于世界先进国家。由于能够想象到的有关人力、物力和智力的成本，研究者对于未来循证设计之发展是有忧虑的。

据闻在日本已经有人与我们几乎同步地在探讨“基于证据的建筑设计”的问题，美国人在 2009 年前后也有相关著作出版，如 *Evidence-based Design for Multiple Building Types*（*Hamilton*，2009）、*Evidence-based Design for Interior Designers*（*Nussbaumer*，2009）、*Evidence-based Design for Healthcare Facilities*（*McCullough*，2009）和 *Design Informed*：*Driving Innovation with*

*Evidence-based Design*（Brandt，2010）等。

不妨说，美国人的工作对我们是一种支持。至少，美国人面对与我们类似的问题并有相关的动作。同时，笔者真诚相信，为建筑循证设计的自主研究，并“教会建筑学说汉语”，当是中国建筑学界在理论储备上比肩国际主流的一次机遇。

# 关键词句

## 1. 工具：数字建筑诸问题

建筑数字化首先是“工具性的”，数字工具具有“管理工具”的潜质。

不是“计算机辅助设计”，是“设计辅助建造”。

设计是虚拟的建造。

设计工具有维数的属性；设计工具的发展，在维数上趋近于设计对象。

有“建筑的全生命周期”，则有“设计的全生命周期”。

形式及其操作的传统，有其内在的合理性。

可建造性是设计研究的对象之一。

整合是对设计的研究，设计是对建造的研究。

整合与拆解同时存在，整合与循证互相耦合。

建筑物的绿色性机能是建筑产品设计整合的根本目标。

数字建筑不可避免地与绿色建筑联系在一起。

未雨绸缪为设计，因地制宜是绿色建造策略。

现代建筑学有“环境控制学”，有“环境行为学”。

系统思想同时包含“系统”和“环境”两个概念。

建筑学（建筑物和建造）意义上的环境包括“自然环境”和“信息环境”。

自然环境可与“环境控制学”相关联，信息环境宜与“环境行为学”相对应。

数字化是对信息的研究。

证据基于信息而存在。

信息观念是一种对现实的观察方法。

信息系统同时是管理系统。

设计结果是对建筑全生命周期的预见。

BIM 之 M 既是“模型”也是“管理”，BLM 之 M 既是“管理”也是“模型”。

数字工具系统的完备将对应于建筑全生命周期中（技术）的逻辑次第。

建筑学科（建筑学、建筑物、建筑师及其再生产）中有“不可数字化”的成分。

数字信息是被注入能量的信息。

数字化是信息的理性水平。

理性由“无穷的欲望”和“有限的时间”而产生，理性所以是工具和权宜。

节约不只是品德，更是被迫的理性；而能够做到节约，则是艺能的境界。

由效率的提高而发生的节约，其目标是节约时间中的生命，即人力。

由管理的完善而发生的节约，其目标是节约空间中的资源，即物力。

由知识的集成而发生的节约，其目标是节约学科中的分工，即智力。

## 2. 目标：绿色建筑诸问题

绿色建筑不是建筑学专业独家事。

绿色性是社会对建造的约束。

建造是对宜居的研究。

宜居是当代建筑学的核心。

建筑学有人工科学的成分，生态系统是建造的模拟对象。

可持续、生态、绿色，有关建造的“类层级”，隐含时间、空间和能量的概念。

建造的“可持续性”指持续地在时间上分配空间资源。

环境的“生态性”指将时间因素转化为空间要素的总和并建立其间的

平衡关系。

建筑“绿色性”指建筑物运行的绿色植物性机能。

建筑系统有虚实二象性。

建筑系统的性能包括“功能”和“机能”两方面。

“结构学科”使建筑物得以建造起来，“设备专业”使建筑物能够运行下去。

建筑空间是对自然环境不宜时的对抗。

建筑设备是对空间机能不足时的补偿。

建筑物的“减排和节能”或可对应于城乡规划的“环境友好和资源节约”。

绿色建筑的研究有建筑学的问题，有建筑物的问题，最终是社会文明的问题。

哲学的阅读是起疑后的循证；实践的哲学，读得懂时，是建筑学理论本身。

建筑学理论思维“拒绝扯淡”，需要揭露虚假理论的讹诈。

建造具有社会生产力的属性。

在断代的时候，最能看到“建造逻辑”的发生及其跃迁。

建造逻辑体现于每一次（每一处）建筑物的全生命周期循环。

经济性是建造逻辑的最终决定性力量。

绿色性同时是经济性的。

建筑史佯谬，“假如从来没有建筑物，从现在开始发明（绿色）建筑”。

历史学是历史的虚拟，“无始以来”是信息时代的历史观察方法。

敬畏历史，建筑哲学与建筑史的研究呼唤一流的才情。

循证设计的价值正是与缺乏绿色建筑的设计证据和设计方法的现实相联系。

循证设计作为一种工作方法，正是为“绿色建筑”及其相关产品的研发所准备。

建筑循证设计包括学科背景、从业人员、服务对象三要素。

循证设计本身如何被证伪？循证设计研究与实践的成本如何？

循证设计是“回归基本原理”时的觉悟。

# 3. 行为：循证设计诸问题

循证设计作为一种思想意识，超越具体设计时，是对建筑学整体状况的研究。

什么是设计？如何设计？设计什么？设计出什么？这是设计学的基本问题集。

设计有研究性，建筑有客观性，建造需要精致性。

医学必须面对终结，建筑总是启动开始。

从绿色建筑开始，建筑设计需要预后；不可回避对设计“性能”的“预后”。

性能（Performance）是综合性的，建筑性能评价包括功能和机能两方面。

功能（Function）是特殊性的，由使用而形成。

机能（Enginery）是一般性的，由运行而发生。

建筑绿色性的问题可转化为“建筑物机能”的研究。

城市集合住宅的绿色性研究是一种相对简化的绿色建筑版本。

建筑的绿色性品质隐含着对建筑物“机能性精致”的意愿。

案例研究是建筑学的基本方法、学科的基本组成、建筑学教育的主要形态。

有依据的设计，既需要想像力，又不能想当然。

循证设计的研究是一种具自身结构的命题。

循证设计的逻辑是一种“设计-建造”的模式或机制。

现代设计的方式是开放性的和社会性的。

循证设计关心设计乃至建造过程中的“信息流变”。

循证设计的基本工作路线，包括网络循证、独立循证和统计学方法。

为了能够良好地解决问题，首先需要正确地提出问题。

掌握“最佳证据”是循证设计的核心思想。

循证的行为是有关“最佳证据”的一系列工作。

空间的设计当有预见性，为行为的空间设计是一种概率问题，需要统计依据。

知识在被引用于解决具体问题时成为（设计）证据。

知识系统及其管理机制，是循证设计可操作的基础之一。

“工具可视化”与“知识管理”是相关的问题。

建筑设计是可视化的工作方式。可视化水平是工具系统演化的基本特征之一。

“机能反求”使建筑仿生学是真正的“仿生”，而不只是“仿形”。

循证设计的思想符合《国际建协职业实践委员会（UIA-PPC）的职业精神原则》。

循证设计的实践，建立全国性甚至国际化的“建筑循证设计中心”。

建筑空间及其各种相关机电设备，一如道路与车辆的关系。

建筑策划和使用后评价的研究和应用现状是建筑学的社会学现象。

## 4. 拓展：派生研究诸问题

### (1) 集成构造

建筑物是最早的复合材料的人工制品。

构造是建筑学使用材料的方式。

社会功能下的“空间价值”不等同于工程技术中的“房屋价值”的概念。

建筑物绿色性能的实现需要构造水平上的设计研究，并重视“接口”的设计。

构造设计的能力是一种工程设计的技术能力。

构造是有目的的，与其说“材料与构造”，毋宁论“构造与性能”。

由构造所形成的构件或组件，其工作的机理有“输出功率”的意义。

集成构造联系“构造生命周期”与“建筑全生命周期”，是性能上的构件设计。

建筑“集成构造”的研究涉及“物质、信息和工具”三种“集成的意义”。

“设计-建造”有三个阶段的品质要求，即目标品质、设计品质和运行品质。

在绿色建筑发展中，发挥机电制造工业的技术和生产能力。

构造的性能设计同时是对材料的节约（Material Efficiency）。

### （2）识别无障碍

无障碍设计意味着“不良的空间设计”可能造成环境的“使用障碍”。

空间的“无障碍性”包括“识别”无障碍和“行为”无障碍两方面。

通用设计对应“人体生命周期”于“建筑全生命周期”，是时间上的空间设计。

环境“导识系统”应作为一种局域的人工图示语言。

空间硬质环境可描述为“几何系统”和“信息系统”两属性。

识别无障碍的研究需要统计学方法，并层级地分析和发现问题。

环境“导识系统”是硬质空间的“附加”信息系统。

空间信息模型是可拓展的识别无障碍研究的理论基础。

## 5. 教育：循证教育诸问题

以建筑学的名义，作教育学的实践。

心中有私的人，做不得教育家。

心中有恨的人，做不得建筑师。

循证的教育观（EBE，Evidence-Based Education）具有教育科学的学术价值。

建筑学专业教育需要“向医学学习”，给学生以“受教育者的知情权”。

专业教育的研究需要一般“教育科学”的依据。

当下的建筑学专业教育既有“误区”，亦有“空白”。

有天才型、有文化型、受过专业训练型，最终均表现为“文化”的养成。

“培养创造力”是一个有优势的话题，也经常是扯淡，是讹诈。

教育是为了获得自由，“创造能力”是专业自由。

“感觉”原是一种高级的境界，是专业的“综合直觉力”。

“大师”崇拜是被强加的。要自己去发现、去亲近、去追随、去超越。

空间美学只是构图原理的 3D 版。

人之患好为人师，师之愿好欲人知。

重视学生中蕴藏的教育资源。

教育过程是情感发生的过程。

专业教育研究的首要目标，实际上是“对教师的教育”。

教学法是实践的、具体的、技术的、整合的、团队的。

数字化提示建筑学科中的理性成分，数字工具的理性实践更揭示艺术的价值。

建筑教育研究有自身的问题系统。“建筑教育研究”是不是一种学术研究？

教育研究是设计研究的原型之一。

与设计相联系，数字工具分为“建模”和“模拟”两种类型。

图形图像的数字可视化已基本解决，概念文本的可视化才是问题。

抽象性和综合性造成建筑教育的困难。建筑初步就是建筑全部。

# 参考文献

[1] 李保峰. 地域性与时代性——当代人居环境的求索：以当代技术解决当下问题 [J]. 新建筑，2010 (5).
[2] 李保峰，谯华芬. 窗户的革命 [J]. 建筑学报，2003 (3).
[3] 李保峰. 仿生学的启示 [J]. 建筑学报，2002 (9).
[4] 李保峰. "双层皮" 幕墙类型分析及应用展望 [J]. 建筑学报，2001 (11).
[5] 李保峰. "生态建筑" 的思与行——托马斯·赫尔佐格教授访谈 [J]. 新建筑，2001 (5).
[6] 吴良镛. 国际建协《北京宪章》——建筑学的未来 [M]. 北京：清华大学出版社，2002.
[7] 吴良镛. 提高全社会的建筑理论修养 [J]. 华中建筑，2005，23.
[8] 吴良镛. 广义建筑学 [M]. 北京：清华大学出版社，1989.
[9] 秦佑国. 中国建筑呼唤精致性设计 [J]. 建筑学报，2003 (1).
[10] 秦佑国，等. 计算机集成建筑系统 (CIBS) 的构想 [J]. 建筑学报，2003 (8).
[11] 秦佑国. 建筑信息中介系统与设计范式的演变 [J]. 建筑学报，2001 (6).
[12] 秦佑国，李保峰. 生态不是漂亮话 [J]. 新建筑，2003 (1).
[13] 何俐，屈云，李幼平. 循证医学的定义、发展、基础及实践 [J]. 中国临床康复. 2003，7.
[14] 华浩明. "循证医学" 和三位创始人 [N]. 南京中医药大学报，2004-11-30.

[15] 王一平. 为生产的 CAAD 系统研究 [D]. 武汉：华中科技大学，1994.

[16] 王一平，张巍. 建筑数字化论题之一：终结 [J]. 四川建筑科学研究，2009 (2).

[17] 王一平，张巍. 建筑数字化论题之二：循证 [J]. 四川建筑科学研究，2009，3.

[18] 王一平，等. 建筑数字化之教育论题 [J]. 华中建筑，2009 (11).

[19] 王一平，李保峰. 建筑教育论题之叙事研究 [C]. //全国高等学校建筑学科专业指导委员会，重庆大学. 2009 全国建筑教育学术研讨会论文集. 北京：中国建筑工业出版社，2009.

[20] 王一平，李保峰. 从循证设计到循证教育 [C]. //全国高等学校建筑学科专业指导委员会，同济大学. 2010 全国建筑教育学术研讨会论文集. 北京：中国建筑工业出版社，2010.

[21] 王一平，李保峰. 建筑教育论题之建筑系馆 [J]. 华中建筑，2010 (1).

[22] 王一平，王永国. 师者如斯包豪斯 [J]. 艺术百家，2007，4.

[23] 王永国，王一平. 建筑美术训练的设计思维 [J]. 艺术百家，2006 (7).

[24] 王永国，王一平. 立刻开始创作——建筑美术教育二三题 [C]. //中国建筑师学会建筑师分会建筑美术专业委员会. 全国高等院校第十届建筑美术教学研讨会论文集. 长沙：[出版者不详]，2009.

[25] [荷] 赫曼·赫茨伯格，建筑学教程 (一)：设计原理 [M]. 仲德崑，译. 天津：天津大学出版社，2004.

[26] [日] 卢原义信. 街道的美学 [M]. 尹培桐，译. 天津：百花文艺出版社，2006.

[27] [日] 村上周三. CFD 与建筑环境设计 [M]. 朱清宇，译. 北京：中国建筑工业出版社，2007.

[28] [日] 西出和彦. 人体隐含着的量度——人类环境设计的行为基础 [J]. 陆伟，吴晓东，译. 建筑学报，2009 (7).

[29] [日] NTT 城市开发公司，等. 建筑设计新理念：21 世纪建筑领域的 7 个关键问题 [M]. 张鹰，等，译. 福州：福建科学技术出版社，2005.

[30] [日] 安藤忠雄，等. “建筑学” 的教科书 [M]. 包慕萍，译. 北京：

中国建筑工业出版社, 2009.
[31] [英] R. A. Reynolds. 建筑师的计算机方法 [M]. 李维荣, 译. 北京: 中国建筑工业出版社, 1987.
[32] [英] 塞尔温·戈德史密斯. 普遍适用性设计 [M]. 董强, 等, 译. 北京: 知识产权出版社, 2002.
[33] [英] 戴维·史密斯·卡彭. 建筑理论 (上): 维特鲁威的谬误 [M]. 王贵祥, 译. 北京: 中国建筑工业出版社, 2007.
[34] [英] 戴维·史密斯·卡彭. 建筑理论 (下): 柯布西耶的遗产 [M]. 王贵祥, 译. 北京: 中国建筑工业出版社, 2007.
[35] [英] 特雷弗·I. 威廉斯. 技术史 (一至七册) [M]. 李则渊, 等, 译. 上海: 上海科技教育出版社, 2004.
[36] [英] 彼得·绍拉帕耶. 当代建筑与数字化设计 [M]. 吴晓, 等, 译. 北京: 中国建筑工业出版社, 2007.
[37] [英] 雷纳·班纳姆. 第一机械时代的理论与设计 [M]. 丁亚雷, 等, 译. 南京: 江苏美术出版社, 2009.
[38] [美] John P. S. Salmen, [美] Elaine Ostroff. 普适设计和可及性设计 [J]. 方晓风, 译. 装饰, 2008 (10).
[39] [美] 霍丁·卡特. 马桶的历史 [M]. 汤加芳, 译. 上海: 上海世纪出版集团, 2009.
[40] [美] 哈里·G. 法兰克福. 论扯淡 [M]. 南方朔, 译. 上海: 译林出版社, 2008.
[41] [美] Wolfgang Preiser, 等. 建筑性能评价 [M]. 汪晓霞, 译. 北京: 机械工业出版社, 2009.
[42] [美] 迈克尔·布劳恩. 建筑的思考: 设计的过程和预期洞察力 [M]. 秦凯臻, 译. 北京: 中国建筑工业出版社, 2007.
[43] [美] 修·高奇. 科学方法实践 [M]. 王义豹, 译. 北京: 清华大学出版社, 2005.
[44] [美] 琳达·格鲁特. 建筑学研究方法 [M]. 王晓梅, 译. 北京: 机械工业出版社, 2005.
[45] [美] 克里斯·亚伯. 建筑与个性: 对文化和技术变化的回应 [M]. 张磊, 等, 译. 北京: 中国建筑工业出版社, 2003.
[46] [美] 斯蒂芬·基兰, 詹姆斯·廷伯莱克. 再造建筑——如何用制造

业的方法改造建筑业［M］. 何清华，等，译. 北京：中国建筑工业出版社，2009.
［47］［美］伦纳德·R. 贝奇曼. 整合建筑——建筑业学的体系要素［M］. 梁多林，译. 北京：中国建筑工业出版社，2005.
［48］［美］克里斯·亚伯. 建筑与个性——对文化和技术变化的回应（第二版）［M］. 张磊，等，译. 北京：中国建筑工业出版社，2003.
［49］［美］司马贺. 人工科学——复杂性面面观［M］. 武夷山，译. 上海：上海科技教育出版社，2004.
［50］［美］欧阳莹之. 工程学——无尽的前沿［M］. 李啸虎，等，译. 上海：上海科技教育出版社，2008.
［51］［美］理查德·布坎南. 发现设计——设计研究探讨［M］. 周丹丹，等，译. 南京：江苏美术出版社，2008.
［52］［美］简·雅各布斯. 美国大城市的死与生［M］. 金衡山，译. 南京：译林出版社，2006.
［53］［美］罗伯特·G. 赫什伯格. 建筑策划与前期管理［M］. 汪芳，等，译. 北京：中国建筑工业出版社，2005.
［54］［美］伊迪丝·谢里. 建筑策划：从理论到实践的设计指南［M］. 黄慧文，译. 北京：中国建筑工业出版社，2006.
［55］［美］约翰·罗尔斯. 正义论［M］. 何怀宏，等，译. 北京：中国社会科学出版社，1988.
［56］［美］艾尔·巴比. 社会研究方法（第十版）［M］. 邱泽奇，译. 北京：华夏出版社，2005.
［57］［美］朱迪思·H. 舒尔曼. 教师教育中的案例教学法［M］. 郅庭谨，译. 上海：华东师范大学出版社，2007.
［58］［美］巴巴拉·G. 戴维斯. 教学方法手册［M］. 严慧仙，译. 杭州：浙江大学出版社，2006.
［59］［德］汉诺-沃尔特·克鲁夫特. 建筑理论史［M］. 王贵祥，译. 北京：中国建筑工业出版社，2005.
［60］［德］沃尔夫冈·科尼希，瓦尔特·凯泽. 工程师史：一种延续六千年的职业［M］. 顾士渊，译. 北京：高等教育出版社，2008.
［61］［法］埃德加·莫兰. 复杂性思想导论［M］. 陈一壮，译. 上海：华东师范大学出版社，2008.

[62] [意] 卡斯蒂廖尼. 医学史（上、下）[M]. 程之范，译. 桂林：广西师范大学出版社，2003.

[63] [比] 易克萨维耶·罗日叶. 整合教学法——教学中的能力和学业获得的整合（第二版） [M]. 汪凌，译. 上海：华东师范大学出版社，2010.

[64] [希] 维特鲁威. 建筑十书 [M]. 高履泰，译. 北京：中国建筑工业出版社，1986.

[65] 赵佳，黄一如. 我国农村住宅的节约化设计策略《The Minimum Dwelling》一书的启示 [C]. //第七届中国城市住宅研讨会论文集. 北京：中国建筑工业出版社，2008.

[66] 金秋野. 理念与谎言 [J]. 建筑师，2009（1）.

[67] 钱强. 建筑学的消失——走向可持续发展时代的建筑教育的方向探索 [C]. //2006 全国建筑教育学术研讨会论文集. 北京：中国建筑工业出版社，2005.

[68] 贾倍思. 从大卫·科尔布的经验认知理论看设计课学生的设计行为 [C]. //全国高等学校建筑学科专业指导委员会. 见：山东建筑大学，2006 全国建筑教育学术研讨会论文集. 北京：中国建筑工业出版社，2006.

[69] 范悦，周博. 译后记 [M]. // [日] 建筑学教育研究会. 新建筑学初步. 范悦，周博，译. 北京：中国建筑工业出版社，2009.

[70] 吴晓军，薛惠锋. 城市系统研究中的复杂性理论与应用 [M]. 北京：中国建筑工业出版社，2007.

[71] 李仲轩. 逝去的武林 [M]. 北京：当代中国出版社，2006.

[72] 中华人民共和国住房和城乡建设部标准定额研究所. GB50763—2012 无障碍设计规范 [S]. 北京：中国建筑工业出版社，2012.

[73] 张东辉，李珂. 通用设计与无障碍设计辨析 [J]. 华中建筑，2009（2）.

[74] 张为平. 隐形逻辑——香港，亚洲式拥挤文化的典型 [M]. 南京：东南大学出版社，2009.

[75] 栗德祥，周榕. 建筑学的千年涅槃——建筑的学科困境与自我拯救 [J]. 建筑学报，2001（4）.

[76] 郑光复. 建筑的革命 [M]. 南京：东南大学出版社，2004.

[77] 庄维敏，张维，黄辰晞. 国际建协建筑师职业实践政策导则——一部全球建筑师的职业主义教科书 [M]. 北京：中国建筑工业出版社，2010.
[78] 庄维敏. 建筑策划导论 [M]. 北京：中国水利水电出版社，2000.
[79] 张维，庄维敏. 中美建筑策划教育的比较分析 [J]. 新建筑，2008，5.
[80] 苏实，庄维敏. 建筑策划中的空间预测与空间评价研究意义 [J]. 建筑学报，2010，4.
[81] 朱文一. 中国营建理念 VS“零识别城市/建筑” [J]. 建筑学报，2003，1.
[82] 黄志甲. 建筑物能量系统生命周期评价模型与案例研究 [D]. 上海：同济大学，2003.
[83] 乔永锋. 基于生命周期评价法（LCA）的传统民居的能耗分析与评价 [D]. 西安：西安建筑科技大学，2006.
[84] 朱颖心. 建筑环境学（第 3 版）[M]. 北京：中国建筑工业出版社，2010.
[85] 宋德萱. 建筑环境控制学 [M]. 南京：东南大学出版社，2003.
[86] 李必瑜. 建筑构造（上）[M]. 北京：中国建筑工业出版社，2000.
[87] 蓝青编. 莫斯建造手册 [M]. 武汉：华中科技大学出版社，2009.
[88] 赵东汉. 使用后评价 POE 在国外的发展特点及在中国的适用性研究 [J]. 北京大学学报（自然科学版），2007，43.
[89] 吴硕贤. 建筑学的重要研究方向——使用后评价 [J]. 南方建筑，2009，1.
[90] 吴硕贤. 重视发展现代建筑技术科学 [J]. 建筑学报，2009，3.
[91] 朱小雷，吴硕贤. 使用后评价对建筑设计的影响及其对我国的意义 [J]. 建筑学报，2002，5.
[92] 郭昊栩，吴硕贤. 对建成环境的舒适性层次评价分析 [J]. 南方建筑，2009，5.
[93] 姜涌. 项目全程管理——建筑师业务的新领域 [J]. 建筑学报，2004，5.
[94] 姜涌. 建筑师职能体系与建造实践 [M]. 北京：清华大学出版社，2005.
[95] 夏桂平. 解析建筑现代性及其当代表达 [J]. 华中建筑，2009（5）.

[96] 张波. 建筑理论在当下中国的困境 [J]. 华中建筑，2006，12.
[97] 张巍. 数字建筑与建筑设计及教学的互动 [C]. //2006 年全国高校建筑院校建筑数字技术教育研讨会论文集. 广州：2006.
[98] 黄涛. 解析数字建筑 [C]. //2006 年全国高校建筑院校建筑数字技术教育研讨会论文集. 广州：[出版者不详]，2006.
[99] 曾旭东，赵昂. 基于 BIM 技术的建筑节能设计应用研究 [J]. 重庆建筑大学学报，2006，4.
[100] 万蓉等. 节能建筑、绿色建筑与可持续发展建筑 [J]. 四川建筑科学研究，2007，4.
[101] 韩继红. 上海生态建筑示范工程 · 生态办公示范楼 [M]. 北京：中国建筑工业出版社，2005.
[102]《绿色建筑》教材编写组. 全国一级注册建筑师继续教育指定用书之六——绿色建筑 [M]. 北京：中国计划出版社，2008.
[103] 徐卫国. 数字建构 [J]. 建筑学报，2009 (1).
[104] 俞传飞. 数字化信息集成下的建筑、设计与建造 [M]. 北京：中国建筑工业出版社，2008.
[105] 王贵祥. 被遗忘的艺术史与困境中的建筑史 [J]. 建筑师，2009.
[106] 王贵祥. 关于建筑理论问题之“商榷”的商榷 [J]. 建筑师，2009.
[107] 李喜先，等. 技术系统论 [M]. 北京：科学出版社，2007.
[108] 李喜先，等. 工程系统论 [M]. 北京：科学出版社，2007.
[109] 孟悦，罗钢. 物质文化读本 [M]. 北京：北京大学出版社，2008.
[110] 林胜中. 另类设计方法——案例式建筑设计 [J]. 城市空间设计，2008 (3).
[111] 赵翔. 院内感染和建筑空间关系的研究及设计方针 [C]. //张兴国，王兴国. 2009 当代中国建筑创作论坛：重庆论文作品集. 重庆：重庆大学出版社，2009.
[112] 李保峰. 适应夏热冬冷地区气候的建筑表皮之可变化设计策略研究 [D]. 北京：清华大学，2004.
[113] 刘彤昊. 建造研究批判 [D]. 北京：清华大学，2004.
[114] 王家良. 全国高等学校八年制临床医学专业卫生部规划教材：循证医学 [M]. 北京：人民卫生出版社，2005.
[115] 王琦. 中医体质学 2008 [M]. 北京：人民卫生出版社，2009.

[116] 熊鸿燕, 易东. 医学科研方法——设计、测量与评价 [M]. 重庆: 西南师范大学出版社, 2005.

[117] D. Kirk Hamilton, David H. Watkins. Evidence-Based Design for Multiple Building Types[M]. New Jersey: John Wiley & Sons, Inc, 2009.

[118] Linda L. Nussbaumer. Evidence-based Design for Interior Designers[M]. New York: Fairchild Books, 2009.

[119] McCullough. Evidence-based Design for Healthcare Facilities [M]. Indianapolis: Sigma Theta Tau International, 2010.

[120] Robert M. Brandt. Design Informed: Driving Innovation with Evidence-Based Design[M]. New Jersey: John Wiley & Sons, Inc, 2010.

[121] Eddy Krygiel. Green BIM: Successful Sustainable Design with Building Information Modeling[M]. New Jersey: John Wiley & Sons, Inc, 2008.

[122] Selwyn Goldsmith. Universal Design[M]. Oxford: Architectural Press, 2000.

[123] Matthew Frederick. 101 Things I Learned in Architecture School[M]. Cambridge: the MIT Press, 2006.

[124] Leonard R. Bachman. Integrated Buildings: the Systems Basis of Architecture[M]. New Jersey: John Wiley & Sons, Inc, 2003.

[125] Jerry Yudelson. The Green Building Revolution[M]. Washington: Island Press, 2008.

[126] Bill Hillier. Space is the Machine — A Configurational Theory of Architecture[M]. London: Space Syntax, 2007.

[127] Tom Woolley. Green Building Handbook Volume 1[M]. New York: Spon Press, 1997.

[128] David Nicol. Changing Architectural Education[M]. New York: Spon Press, 2000.

[129] Stephen A. Brown. Communication in the Design Process[M]. New York: Spon Press, 2001.

[130] Jean R. Valence. Architect's Essentials of Professional Development[M]. New Jersey: John Wiley & Sons, Inc, 2008.

[131] Daniel E. Williams. Sustainable Design: Ecology, Architecture, and Planning[M]. New Jersey: John Wiley & Sons, Inc, 2007.

[132] Jerry Yudelson. Green Building through Integrated Design[M]. New York: the McGraw-Hill Companies, 2009.

[133] A. Mackenzie, A. S. Ball and S. R. Virdee, 2001. Instant Notes in Ecology (2nd Edn) [M]. London: BIOS Scientific Publishers Limited. 北京：科学出版社(影印版), 2003.

[134] Sharon E. Straus. Evidence Based Medicine(3rd Edn) [M]. Singapore: Elsevier Pte Ltd., 2006.

[135] Le Corbusier. Toward an Architecture [M]. Los Angeles: Getty Publieations, 2007.

[136] Karel Teige. Translated by Eric Dluhosch. The Minimum Dwelling[M]. Cambridge, Massachusetts: The MIT Press, 2002.

[137] Wolfgang F. E. Preiser. Assessing Building Performance [M]. Elsevier Butterworth-Heinemann, 2005.

[138] Wang Yiping, etc. The Framwork of and Approaches to Barrier-free Identifiability. The 9th International Symposium for Environment Behavior Studies[C]. EBRA2010.Harbiu: Harbin University of Industry, 2010.

[139] http://baike. baidu. com/view/181884. htm (百度百科·循证医学).

[140] http://baike. baidu. com/view/458712. htm (百度百科·预后).

[141] http://baike. baidu. com/view/1519419. htm (百度百科·案例研究法).

[142] http://baike. baidu. com/view/50313. htm (百度百科·统计学).

[143] http://baike. baidu. com/view/481866. htm (百度百科·数理统计学).

[144] http://baike. baidu. com/view/7893. htm (百度百科·数据挖掘).

[145] http://baike. baidu. com/view/77853. htm (百度百科·知识发现).

[146] http://baike. baidu. com/view/1377555. htm (百度百科·基于文献的知识发现).

[147] http://baike. baidu. com/view/1086645. htm (百度百科·反求工程).

[148] http://baike. baidu. com/view/364279. htm (百度百科·层次分析法).

[149] Davies, Phillip. Approaches to evidenced-based teaching [J]. Medical Teacher, 2000, 22.

[150] Davies Philip. What is evidence-based education? [J]. British Journal of Educational Studie, 1999, 147(2).
[151] 安德鲁·布卢姆. 医院设计怎样拯救生命. ABBS 独家编译自美国《商业周刊》.http: //www. abbs. com. cn/news/read. php? cate=3&recid=18458 (2006. 09. 14).
[152] http://baike.baidu.com/view/8497.htm (百度百科·知识).
[153] http://baike.baidu.com/view/133344.htm (百度百科·知识工程).
[154] http://baike.baidu.com/view/2057.htm (百度百科·知识管理).
[155] http://baike. baidu. com/view/346754. htm (百度百科·个人知识管理).
[156] http://baike. baidu. com/view/1606555. htm (百度百科·企业知识管理).
[157] 季征宇. 建筑工程设计中的知识管理[M]. 北京: 中国建筑工业出版社, 2008.
[158] http://baike.baidu.com/view/69230.htm (百度百科·可视化).
[159] http://baike.baidu.com/view/1059908.htm (百度百科·可视化管理).
[160] http://baike.baidu.com/view/2908183.htm (百度百科·科学可视化).
[161] http://baike.baidu.com/view/2574894.htm (百度百科·信息可视化).
[162] http://baike.baidu.com/view/69231.htm (百度百科·数据可视化).
[163] http://bbs.tiexue.net/post2_4753966_1.html (铁血网·大陆高铁技术突然领先世界的秘密).
[164] Matthew Frederick. 101 Things I Learned in Architecture School[M]. the MIT Press, Cambridge, 2007.
[165] http://baike.baidu.com/view/61733.htm (百度百科·SETI@ home, 寻找外太空星球智慧生命计划).